全国电力行业"十四五"规划教材

Python 语言案例教程
（经管类适用）

肖 彬　张仙妮　孙秀娟　史益芳　编著

中国电力出版社
CHINA ELECTRIC POWER PRESS

内容提要

本书为读者提供一本全面、系统的 Python 教材,从基础知识讲起,逐步深入,让读者逐步掌握 Python 编程的基本概念和核心技术。全书共 10 章,包括认识 Python、Python 基本语法、Python 流程控制、Python 组合数据类型、Python 函数、Python 模块、Python 错误和异常、Python 数据分析及数据可视化、量化交易基础、Python 编写量化交易策略。本书提供大量的案例,每一个案例都已上机调试、运行通过,让读者在实践中学习和掌握 Python 编程技能。每一章都有综合案例,更有利于读者融会贯通知识要点。同时,也关注 Python 的最新发展和应用趋势,为读者提供前沿的知识和技术。读者可扫描书中二维码观看教学视频。

本书案例步骤简洁,操作性强,可作为本科和高等职业院校的学生计算机编程语言相关课程的教材,也可作为高等院校经济管理类学生学习量化交易的参考书。

图书在版编目(CIP)数据

Python 语言案例教程:经管类适用/肖彬等编著. --北京:中国电力出版社,2024.9. — ISBN 978-7-5198-9121-3

Ⅰ. TP311.561

中国国家版本馆 CIP 数据核字第 2024FS3394 号

出版发行:中国电力出版社
地　　址:北京市东城区北京站西街 19 号(邮政编码 100005)
网　　址:http://www.cepp.sgcc.com.cn
责任编辑:张　旻(010 - 63412536)
责任校对:黄　蓓　王小鹏
装帧设计:王红柳
责任印制:吴　迪

印　　刷:廊坊市文峰档案印务有限公司
版　　次:2024 年 9 月第一版
印　　次:2024 年 9 月北京第一次印刷
开　　本:787 毫米×1092 毫米　16 开本
印　　张:14
字　　数:331 千字
定　　价:48.00 元

版 权 专 有　侵 权 必 究
本书如有印装质量问题,我社营销中心负责退换

前　言

　　Python 语言自 1989 年横空出世以来，一直保持着快速发展的态势，并且应用领域越来越广泛。特别是在人工智能和机器学习的普及下，Python 因其简洁易懂的语法和强大的科学计算库支持，而成为这些领域的首选语言。此外，Python 在数据分析和大数据处理、自动化和脚本编写、Web 开发、教育和学习编程等方面也都有广泛的应用。从最新的编程排行榜来看，Python 依然保持着领先的地位。

　　本书旨在为读者提供一本全面、系统的 Python 教材，从基础知识讲起，逐步深入，让读者逐步掌握 Python 编程的基本概念和核心技术。力求通过通俗易懂的语言和丰富的实例，让读者轻松上手，快速掌握 Python 编程的精髓。本书提供大量的案例，每一个案例都上机调试、运行通过，让读者在实践中学习和掌握 Python 编程技能，并且每一章都有综合案例，更有利于读者融会贯通知识要点，书中的案例读者可以直接扫描二维码观看视频同步学习。同时，也关注 Python 的最新发展和应用趋势，为读者提供前沿的知识和技术。

　　本教材有如下特点：

　　（1）**系统全面，深入浅出**。本教材从基础知识讲起，逐步深入到高级特性，确保读者能够建立完整的 Python 知识体系。教材涵盖 Python 的基本语法、数据类型、控制结构、函数、模块等核心内容，通过一个个案例，让读者掌握各个知识要点，做到润物细无声。

　　（2）**通俗易懂，轻松上手**。本教材采用通俗易懂的语言和简洁明了的表达方式来阐述知识点，降低学习难度，让读者能够轻松上手。避免使用复杂的专业术语，而是采用生动有趣的例子，例如书中的例子有 BMI 值的计算、个税的算法，让读者更容易理解和接受。

　　（3）**数据处理，紧跟科技**。本教材的内容包括数据处理和数据可视化，利用 Matplotlib 库和 ECharts 库实现数据的可视化，让读者接受大数据相关概念和操作更加容易。

　　（4）**量化策略，赋能市场**。本教材的内容包括量化交易基础，量化交易的策略编写，让读者轻松理解量化交易的方方面面，能够利用教材中的知识，编写自己的交易策略，回测交易策略的收益率。

　　本教材案例步骤简洁，操作性强，适合作为本科和高等职业院校的学生计算机编程语言相关课程的教材，也适合大学经济管理类学生学习量化交易的参考书。

　　本教材共 10 章。第 1 章、第 4 章、第 7～10 章由肖彬、张仙妮和孙秀娟编写，第 2、3 和第 5、6 章由史益芳编写。罗维政、刘祚先和曲依扬参与了第 9 和 10 章的部分编写，全书由肖彬拟定大纲并统稿。由于时间仓促，书中不妥与疏漏之处敬请读者批评指正。

　　本书由校级立项编写教材（108051360024XN141）和大创项目-基于 React 的智慧校园系统（10805136024XN139-348）项目支持。

编　者
2024 年 6 月

目 录

前言

第1章 认识Python ·· 1
  1.1 Python简介 ·· 1
    1.1.1 Python的图标含义 ·· 1
    1.1.2 Python的发展历史 ·· 1
    1.1.3 Python的特点 ··· 2
    1.1.4 Python的应用 ··· 3
  1.2 Python的环境构建 ··· 4
    1.2.1 安装Python ·· 4
    1.2.2 使用Anaconda3 ··· 5
  1.3 第一个程序Hello World ·· 11
    1.3.1 交互环境 ·· 11
    1.3.2 Python的IDLE环境 ·· 12
    1.3.3 Anaconda3环境 ··· 12

第2章 Python基本语法 ··· 15
  2.1 Python程序语法元素 ··· 15
    2.1.1 程序的格式框架 ··· 15
    2.1.2 注释 ·· 16
    2.1.3 标识符 ·· 17
  2.2 变量与数据类型 ··· 18
    2.2.1 变量 ·· 19
    2.2.2 变量赋值 ·· 19
    2.2.3 数据类型 ·· 20
    2.2.4 数值型 ·· 20
    2.2.5 字符串型 ·· 22
    2.2.6 查询数据类型 ··· 24
    2.2.7 数据类型的转换 ··· 24
  2.3 表达式 ··· 27
    2.3.1 算术运算符和算术表达式 ····································· 27
    2.3.2 比较运算符和比较表达式 ····································· 30
    2.3.3 逻辑运算符 ·· 32
    2.3.4 复合赋值运算符 ··· 34
    2.3.5 运算符优先级 ··· 36
  2.4 综合案例 ··· 37

第3章 Python流程控制 ··· 41
  3.1 顺序流程控制 ··· 42

3.2　条件流程控制 ………………………………………………………………… 42
　　3.2.1　单分支结构：if 语句 …………………………………………………… 43
　　3.2.2　双分支结构：if-else 语句 ……………………………………………… 45
　　3.2.3　多分支结构：if-elif-else 语句 ………………………………………… 46
　　3.2.4　选择结构的嵌套 ………………………………………………………… 49
3.3　循环流程控制 ………………………………………………………………… 50
　　3.3.1　遍历循环：for 语句 …………………………………………………… 51
　　3.3.2　条件循环：while 语句 ………………………………………………… 53
　　3.3.3　循环嵌套 ………………………………………………………………… 54
　　3.3.4　循环保留字：break 和 continue ……………………………………… 56
3.4　综合案例 ……………………………………………………………………… 59

第 4 章　Python 组合数据类型 …………………………………………… 64
4.1　列表 …………………………………………………………………………… 64
　　4.1.1　创建列表 ………………………………………………………………… 64
　　4.1.2　使用列表 ………………………………………………………………… 65
　　4.1.3　更新列表 ………………………………………………………………… 66
　　4.1.4　列表的内置函数 ………………………………………………………… 68
　　4.1.5　列表遍历 ………………………………………………………………… 71
4.2　元组 …………………………………………………………………………… 73
　　4.2.1　创建元组 ………………………………………………………………… 73
　　4.2.2　使用元组 ………………………………………………………………… 74
　　4.2.3　删除元组 ………………………………………………………………… 75
　　4.2.4　元组的内置函数 ………………………………………………………… 75
　　4.2.5　元组的遍历 ……………………………………………………………… 76
4.3　字典 …………………………………………………………………………… 76
　　4.3.1　创建字典 ………………………………………………………………… 76
　　4.3.2　使用字典 ………………………………………………………………… 77
　　4.3.3　删除元素和字典 ………………………………………………………… 77
　　4.3.4　字典的内置函数和方法 ………………………………………………… 78
　　4.3.5　字典的遍历 ……………………………………………………………… 81
4.4　集合 …………………………………………………………………………… 83
　　4.4.1　创建集合 ………………………………………………………………… 83
　　4.4.2　使用集合 ………………………………………………………………… 84
　　4.4.3　删除元素和集合 ………………………………………………………… 84
　　4.4.4　集合的内置函数和方法 ………………………………………………… 85
　　4.4.5　集合的遍历 ……………………………………………………………… 87
4.5　综合案例 ……………………………………………………………………… 87

第 5 章　Python 函数 ………………………………………………………… 93
5.1　函数概述 ……………………………………………………………………… 93

5.1.1　函数的定义 ………………………………………………… 93
　　5.1.2　函数调用和返回 …………………………………………… 94
　　5.1.3　变量的作用域 ……………………………………………… 95
　5.2　函数参数的传递方式 ……………………………………………… 98
　　5.2.1　按位置传递参数 …………………………………………… 98
　　5.2.2　按参数名传递参数 ………………………………………… 100
　　5.2.3　按默认值传递参数 ………………………………………… 101
　　5.2.4　值传递和引用传递 ………………………………………… 101
　5.3　函数的调用 ………………………………………………………… 102
　　5.3.1　嵌套调用 …………………………………………………… 103
　　5.3.2　递归调用 …………………………………………………… 105
　5.4　综合案例 …………………………………………………………… 106
第6章　Python 模块 …………………………………………………………… 110
　6.1　模块的概述 ………………………………………………………… 110
　　6.1.1　自定义模块 ………………………………………………… 110
　　6.1.2　模块导入 …………………………………………………… 110
　6.2　Python 常用的内置模块 …………………………………………… 115
　　6.2.1　math 库 …………………………………………………… 115
　　6.2.2　random 库 ………………………………………………… 116
　　6.2.3　turtle 库 …………………………………………………… 118
　6.3　综合案例 …………………………………………………………… 120
第7章　Python 错误和异常 …………………………………………………… 123
　7.1　Python 错误与异常概述 …………………………………………… 123
　　7.1.1　异常的概念 ………………………………………………… 124
　　7.1.2　异常的类型 ………………………………………………… 124
　　7.1.3　异常的捕获 ………………………………………………… 124
　7.2　Python 自定义异常 ………………………………………………… 129
　7.3　综合案例 …………………………………………………………… 130
第8章　Python 数据分析及数据可视化 ……………………………………… 133
　8.1　数据分析概述 ……………………………………………………… 133
　8.2　科学计算库 NumPy ………………………………………………… 133
　　8.2.1　NumPy 数组与 list 的区别 ………………………………… 133
　　8.2.2　NumPy 数组的创建 ………………………………………… 135
　　8.2.3　NumPy 数组的使用 ………………………………………… 137
　　8.2.4　NumPy 数组的运算 ………………………………………… 140
　8.3　数据分析工具 Pandas ……………………………………………… 144
　　8.3.1　Pandas 的数据结构 ………………………………………… 144
　　8.3.2　一维数组 Series …………………………………………… 145

8.3.3　二维数组 DataFrame ……………………………………………… 154
　　8.3.4　读/写数据 ………………………………………………………… 163
8.4　数据可视化 ……………………………………………………………… 166
　　8.4.1　数据可视化概述 …………………………………………………… 166
　　8.4.2　Matplotlib ………………………………………………………… 166
　　8.4.3　Echarts …………………………………………………………… 169

第 9 章　量化交易基础 …………………………………………………… 176

9.1　初识量化交易 …………………………………………………………… 176
　　9.1.1　量化交易的概念 …………………………………………………… 176
　　9.1.2　量化交易的优势 …………………………………………………… 177
9.2　量化交易的内容 ………………………………………………………… 178
　　9.2.1　量化内容 …………………………………………………………… 178
　　9.2.2　量化择时 …………………………………………………………… 179
　　9.2.3　量化交易 …………………………………………………………… 179

第 10 章　Python 编写量化交易策略 …………………………………… 181

10.1　量化交易策略 …………………………………………………………… 181
　　10.1.1　获取股票数据函数 ………………………………………………… 181
　　10.1.2　量化策略财务因子 ………………………………………………… 191
10.2　量化策略编写 …………………………………………………………… 208
　　10.2.1　策略 1：均线策略 ………………………………………………… 208
　　10.2.2　策略 2：双均线交易策略 ………………………………………… 210
　　10.2.3　策略 3：布林带策略 ……………………………………………… 212
　　10.2.4　交易策略总结 ……………………………………………………… 214

参考文献 …………………………………………………………………… 216

第 1 章

认识 Python

1.1　Python 简介

　　Python 是一种跨平台的、开源的、免费的、解释型的高级编程语言。近几年 Python 发展势头迅猛，在 2022 年 11 月的 TIOBE 编程语言排行榜中已经晋升到第 1 名，而在 IEEE Spectrum 发布的 2021 年度编程语言排行榜中，Python 连续 5 年夺冠。另外，Python 的应用领域非常广泛，如 Web 编程、图形处理、黑客编程、大数据处理、网络爬虫和科学计算等，Python 都可以实现。作为 Python 开发的起步，本章将先对学习 Python 需要了解的一些基础内容进行简要介绍，然后重点介绍如何搭建 Python 开发环境，最后介绍常见的几种 Python 的开发工具。

1.1.1　Python 的图标含义

　　Python 作为目前最流行的编程语言，其官方标识——蟒蛇图标如图 1-1 所示，也成为广大开发者心中的经典，背后的故事也值得了解。

　　(1) Python 图标的含义：Python 的标志是一条向右爬行的蟒蛇。这条蟒蛇是由荷兰艺术家 Guido van Rossum 在 1999 年创作的，它的寓意在于表示在软件开发的过程中要像蟒蛇一样，在代码的世界里不断前进、不断进化和不断迭代。同时，Python 的图标也还象征着 Python 的简单性和易用性，入手容易，因为 Python 的语法简单易懂，会接纳更多的编程爱好者。

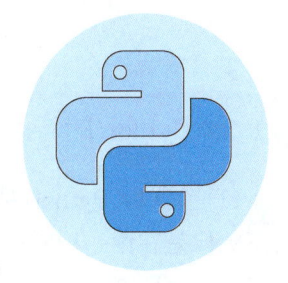

　　(2) 蟒蛇图标的设计过程：Python 的蟒蛇图标是由 Guido van Rossum 通过一个 Online Logo Creator 网站进行设计的。最初设想是以一条蜷蛇为标志，但发现网站没有相应的蜷蛇图案，便转而选择了蟒蛇。在新的标识设计出来后，Guido van Rossum 把这个标识放到了 Python 的官网上，成为 Python 的官方标识。

图 1-1　Python 图标

　　(3) 蟒蛇图标的形象：Python 的蟒蛇图标有多种不同的设计形象，包括紫色蟒蛇、绿色蟒蛇和黄色蟒蛇等。这些蟒蛇图案的不同颜色代表了 Python 在不同的应用领域中的灵活性和适应性。此外，Python 的蟒蛇图标也被设计成不同的姿态，有的向左，有的向右，还有的盘绕成圆形等。这些姿态反映了 Python 作为一种灵活的编程语言，在不同的使用场景下所展现的变化和适应性。

　　总之，Python 的蟒蛇图标不仅是 Python 语言鲜明的符号，也成为众多开发者心中的经典形象。

1.1.2　Python 的发展历史

　　Python（英国发音：/ˈpaɪθən/美国发音：/ˈpaɪθɑːn/）是著名的"龟叔"Guido van Rossum 在 1989 年圣诞节期间，为了打发无聊的圣诞节而编写的一个编程语言。Python

1

本身也是由诸多其他语言发展而来的，这包括 ABC、Modula－3、C、C++、Algol－68、SmallTalk、Unix Shell 和其他的脚本语言等。像 Perl 语言一样，Python 源代码同样遵循 GPL（GNU General Public License）协议。现在 Python 是由一个核心开发团队在维护，Guido van Rossum 仍然占据着至关重要的作用，指导其进展。Python2.0 于 2000 年 10 月 16 日发布，增加了实现完整的垃圾回收，并且支持 Unicode。Python3.0 于 2008 年 12 月 3 日发布，此版本不完全兼容之前的 Python 源代码。不过，很多新特性后来也被移植到旧的 Python2.6/2.7 版本。Python 的 3.0 版本，常被称为 Python3000，或简称 Py3k。相对于 Python 的早期版本，这是一个较大的升级。为了不带入过多的累赘，Python3.0 在设计的时候没有考虑向下兼容。现在使用的版本基本都是 3.X，如图 1-2 所示。

Python version	Maintenance status	First released	End of support	Release schedule
3.12	prerelease	2023-10-02 (planned)	2028-10	PEP 693
3.11	bugfix	2022-10-24	2027-10	PEP 664
3.10	security	2021-10-04	2026-10	PEP 619
3.9	security	2020-10-05	2025-10	PEP 596
3.8	security	2019-10-14	2024-10	PEP 569

图 1-2　Python 现在版本

1.1.3　Python 的特点

（1）简单：Python 是一种代表简单主义思想的语言。阅读一个良好的 Python 程序就感觉像是在读一种要求非常严格的英语一样。Python 的这种伪代码本质是它最大的优点之一。它能够让人专注于解决问题而不是去搞明白语言本身，不像其他的语言，语法很难理解，学几个月，还没有摸到入门的路。

（2）易学：Python 极其容易上手。前面已经提到了，Python 有极其简单的语法。

（3）免费开源：Python 是 FLOSS（自由/开放源码软件）之一。简单地说，可以自由地发布这个软件的复制、阅读它的源代码、对它做改动、把它的一部分用于新的自由软件中。FLOSS 是基于一个团体分享知识的概念。它是由一群希望看到一个更加优秀的 Python 的人创造并改进的。

（4）高级语言：当使用 Python 语言编写程序的时候，不须考虑诸如如何管理你的程序使用的内存一类的底层细节。

（5）可移植性：由于它的开源本质，Python 已经被移植在许多平台上（经过改动使它能够工作在不同平台上）。如果小心地避免使用依赖于系统的特性，那么所有 Python 程序无须修改就可以在下述任何平台上面运行。这些平台包括市场上主流的 Linux、Windows、MacOS、Android 等平台。

（6）解释性：一个用编译性语言比如 C 或 C++写的程序可以从源文件（即 C 或 C++语言）转换到一个计算机使用的语言（二进制代码，即 0 和 1）。这个过程通过编译器和不同的标记、选项完成。当运行程序的时候，连接/转载器软件把编写的程序从硬盘复制到内存中并且运行。Python语言写的程序不需要编译成二进制代码。可以直接从源代码运行程序。在计算机内部，Python解释器把源代码转换成称为字节码的中间形式，然后再把它翻译成计算机使用的机器语言并运行。事实上，由于不再需要担心如何编译程序，如何确保连接转载正确的库等，所有这一切使得使用Python更加简单。因为只需要把Python程序复制到另外一台计算机上，它就可以工作了，这也使得编写Python程序更加易于移植。

（7）面向对象：Python既支持面向过程的编程也支持面向对象的编程。在面向过程的语言中，程序是由过程或仅仅是可重用代码的函数构建起来的。在面向对象的语言中，程序是由数据和功能组合而成的对象构建起来的。与其他主要的语言如C++和Java相比，Python以一种非常强大又简单的方式实现面向对象编程。

（8）可扩展性：如果需要的一段关键代码运行得更快或者希望某些算法不公开，可以把部分程序用C或C++编写，然后在Python程序中使用它们。

（9）丰富的库：Python标准库确实很庞大。它可以帮助处理各种工作，包括正则表达式、文档生成、单元测试、线程、数据库、网页浏览器、CGI、FTP、电子邮件、XML、XML-RPC、HTML、WAV文件、密码系统、GUI（图形用户界面）、Tk和其他与系统有关的操作。只要安装了Python，所有这些功能都是可用的，这被称作Python的功能齐全理念。除了标准库以外，还有许多其他高质量的库，如Twisted、Python图像库等。

（10）规范的代码：Python采用强制缩进的方式使得代码具有极佳的可读性。

1.1.4　Python的应用

1. Web开发

Python是Web开发中常用的编程语言之一。Django和Flask是Python中最受欢迎的Web框架，可以帮助开发者轻松创建高性能的Web应用。

2. 网络爬虫

网络爬虫又称网络蜘蛛，是指按照某种规则在网络上爬取所需内容的脚本程序。众所周知，每个网页通常包含其他网页的入口，网络爬虫则通过一个网址依次进入其他网址获取所需内容。在爬虫领域，Python是必不可少的一部分。将网络一切数据作为资源，通过自动化程序进行有针对性的数据采集以及处理。

3. 数据科学

Python在数据科学中有着强大的地位。数据分析师使用Python来清洗、探索和可视化数据。科学家和工程师则使用Python进行模拟、建模和研究。Jupyter Notebook使得数据科学家可以在一个交互式环境中编写和共享代码。

4. 自动化运维

随着技术的进步、业务需求的快速增长，一个运维人员通常要管理上百、上千台服务器，运维工作也变得非常重复、繁杂。把运维工作自动化，能够把运维人员从服务器的管理中解放出来，让运维工作变得简单、快速、准确。

5. 数据库编程

程序员可通过遵循Python DB-API（应用程序编程接口）规范的模块与Microsoft

SQL Server、Oracle、Sybase、DB2、MySQL 等数据库通信。python 自带有一个 Gadfly 模块，提供了一个完整的 SQL 环境。

6. 网络编程

提供丰富的模块支持 sockets 编程，能方便快速地开发分布式应用程序。很多大规模软件开发计划，Google 都在广泛地使用它。

7. 多媒体应用

Python 的 PyOpenGL 模块封装了"OpenGL 应用程序编程接口"，能进行二维和三维图像处理。PyGame 模块可用于编写游戏软件。

8. 机器学习和人工智能

数据是机器学习和人工智能的基石，而 Python 在数据处理方面具有显著优势。首先，Python 拥有丰富的第三方库，如 NumPy、Pandas 和 SciPy，使得数据加载、清洗、转换等过程变得更加简单高效。这些库提供了丰富的功能，可以进行数据预处理、数据转换、数据计算等。其次，Python 支持多种数据格式，可以轻松地处理结构化和非结构化数据。这种广泛的适应性使得 Python 在处理各种类型的数据时表现出色，无论是文本、图像还是音频等。此外，Python 还有强大的绘图库如 Matplotlib 和 Seaborn，可以用于数据可视化，帮助更好地理解和探索数据的特征和分布。通过这些库，可以轻松地将数据处理成图表，从而更好地理解数据。

1.2　Python 的环境构建

Python 是一门解释性脚本语言，因此要想让编写的代码得以运行，需要先安装 Python 解释器。根据电脑的系统及操作系统的位数不同，安装步骤也有所差异。Windows 系统：系统无自带 Python 解释器，需要自行安装。Mac 系统：系统自带 Python 2.7，需要自行安装 Python 3.X。

1.2.1　安装 Python

安装 Python 应用程序，一定要进入官网下载，并安装，下面就详细地介绍操作步骤。

（1）进入官网，地址为 https://www.python.org/，如图 1-3 所示。单击 Downloads，如果操作系统是 Windows 就选择 Windows，如图 1-4 所示，然后单击 Windows，出现如图 1-5 所示页面。

（2）在图中，页面中许多不同版本的下载链接，选择 Python3.8 这样的中间版本，上下都可以兼容。其中，选择 x86-64，executable installer 为完整的安装包，单击链接开始下载，如图 1-6 所示。

（3）下载完成后，双击下载的图标，就会出现如图 1-7 所示的窗口，选择 Customize installation，可以根据用户需要复选一些选项，如图 1-8 所示。

（4）可以对 Adanced Options 和安装路径进行相应的设置，如图 1-9 所示。

第 1 章　认识 Python

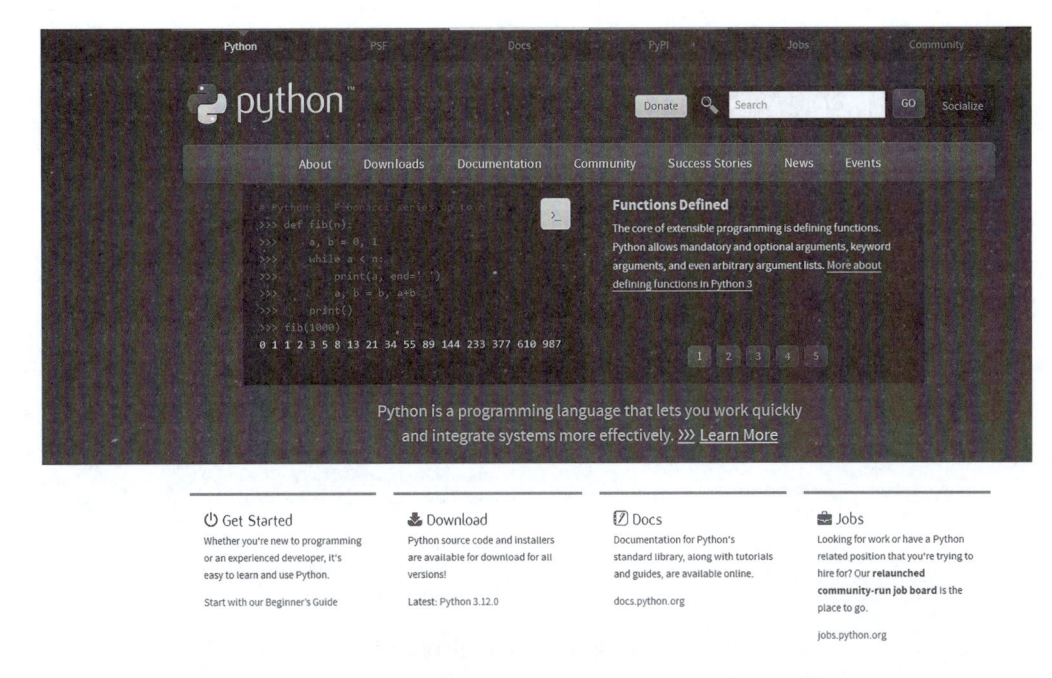

图 1-3　进入 Python 官网

图 1-4　选择 Windows 版

（5）安装进度如图 1-10 所示，最后安装成功界面如图 1-11 所示。

1.2.2　使用 Anaconda3

Anaconda 包括 Conda、Python 以及一大堆安装好的工具包，比如 Numpy、Pandas 等。Miniconda 包括 Conda、Python。Conda 是一个开源的包、环境管理器，可以用于在同一个机器上安装不同版本的软件包及其依赖，并能够在不同的环境之间切换。下面就 Anaconda 的安装过程做一个介绍。

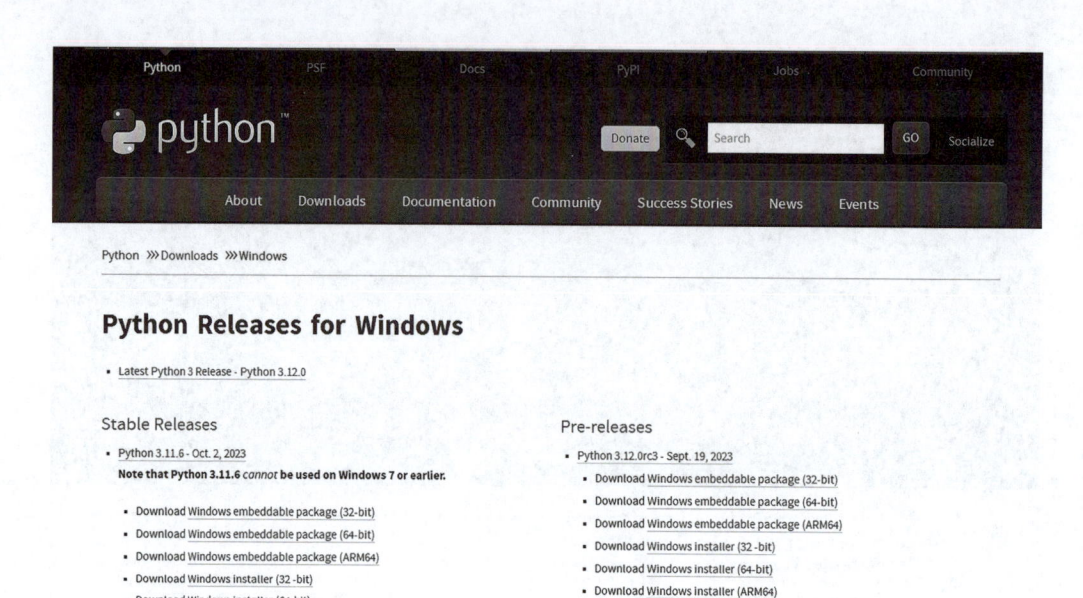

图 1-5　单击 Window 出现页面

图 1-6　选择相应的版本

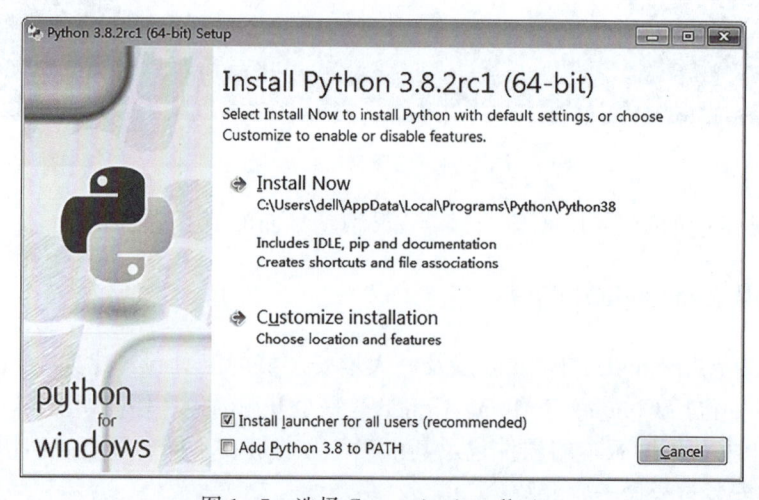

图 1-7　选择 Customize installation

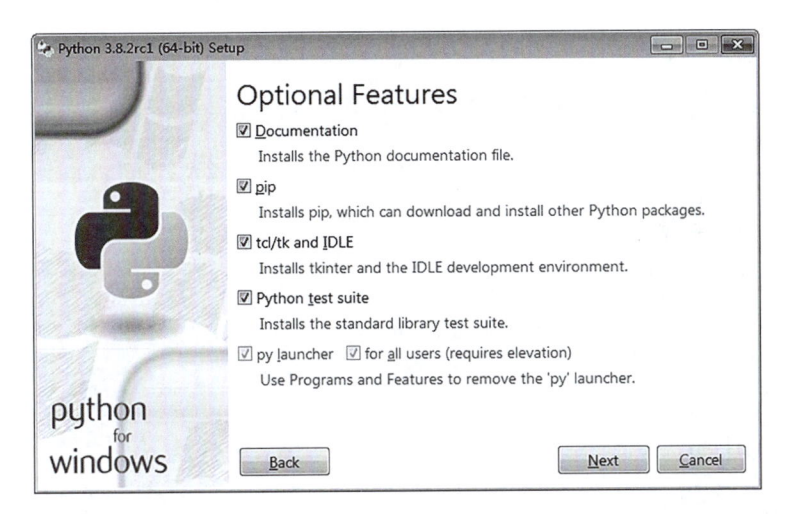

图 1-8　可以选择相应的 Optional Features

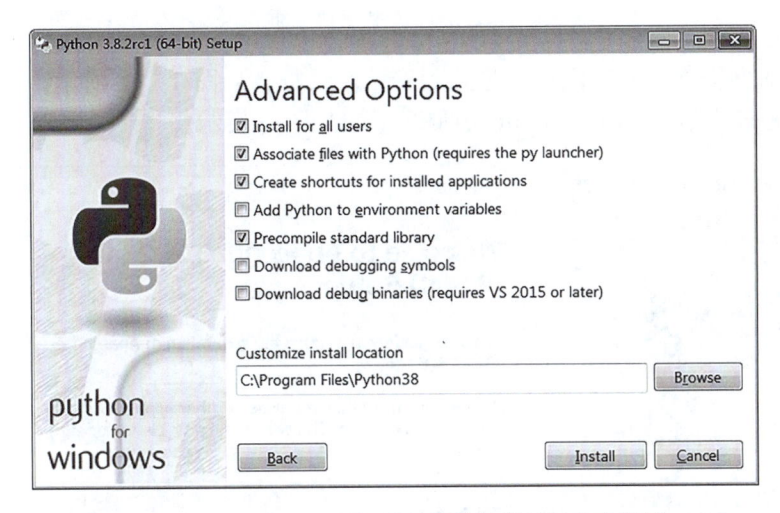

图 1-9　对 Adanced Options 和路径进行相应的设置

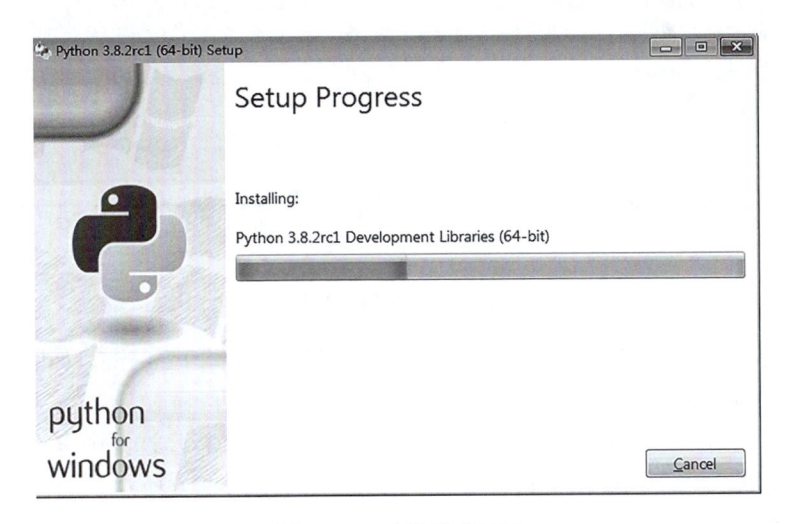

图 1-10　安装进度显示

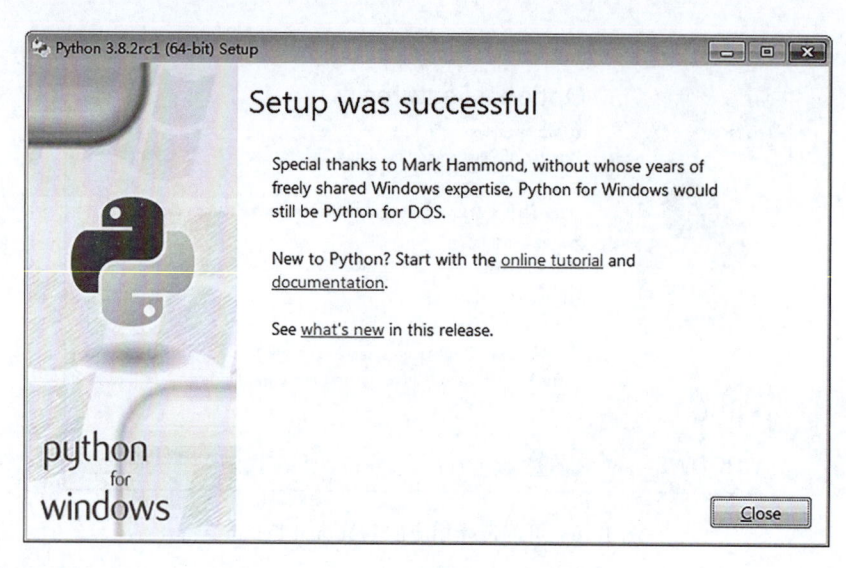

图 1-11　安装成功界面

（1）从官网下载，双击图标，进行到安装对话框，如图 1-12 所示。单击 Next 按钮，进行下一步 License Agreement 对话框，如图 1-13 所示。

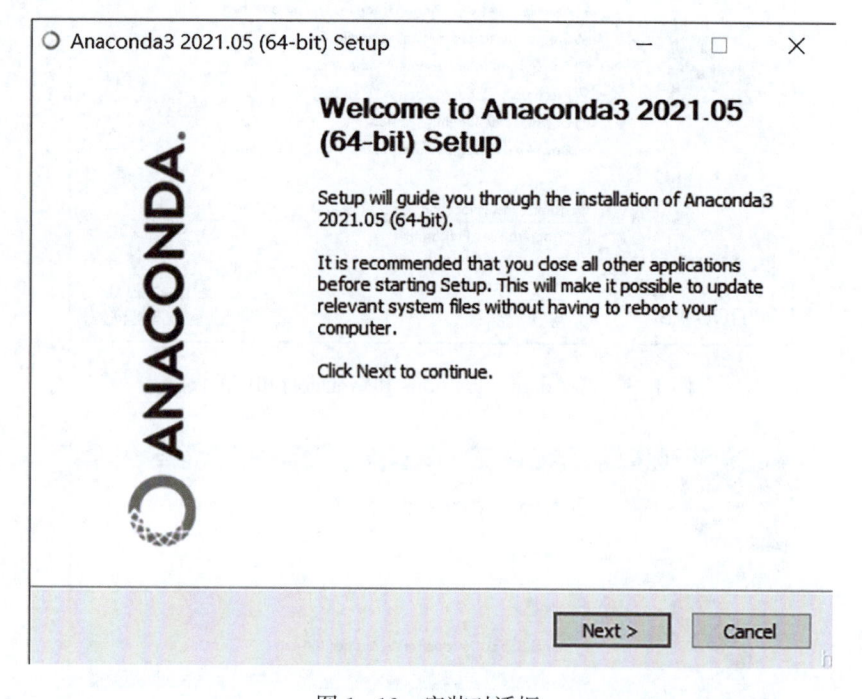

图 1-12　安装对话框

（2）单击 I Agree 按钮，在 Select Installation Type 选择 Just me，如图 1-14 所示。然后单击 Next 按钮。

（3）在出现的 Adanced Installation Options 对话框中进行复选框中进行相应的选择，如图 1-15 所示。然后单击 Install 按钮，安装进度条如图 1-16 所示。

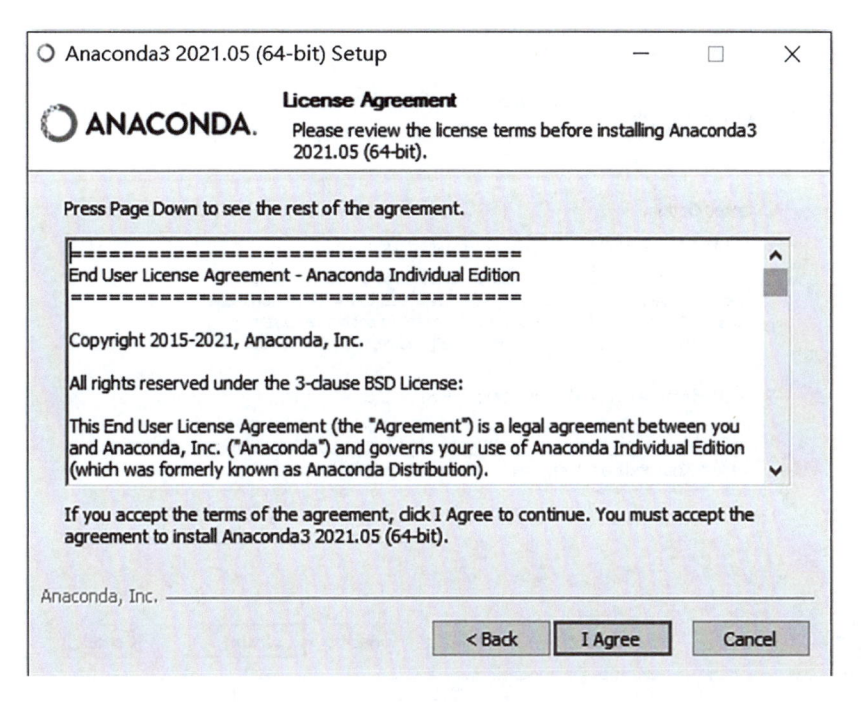

图 1-13　License Agreement 对话框

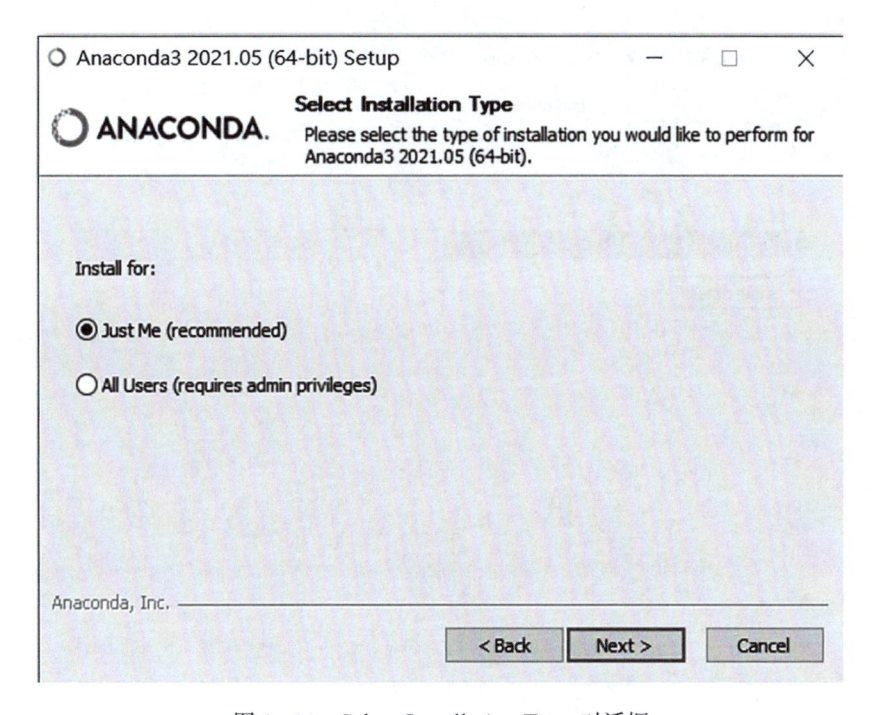

图 1-14　Select Installation Type 对话框

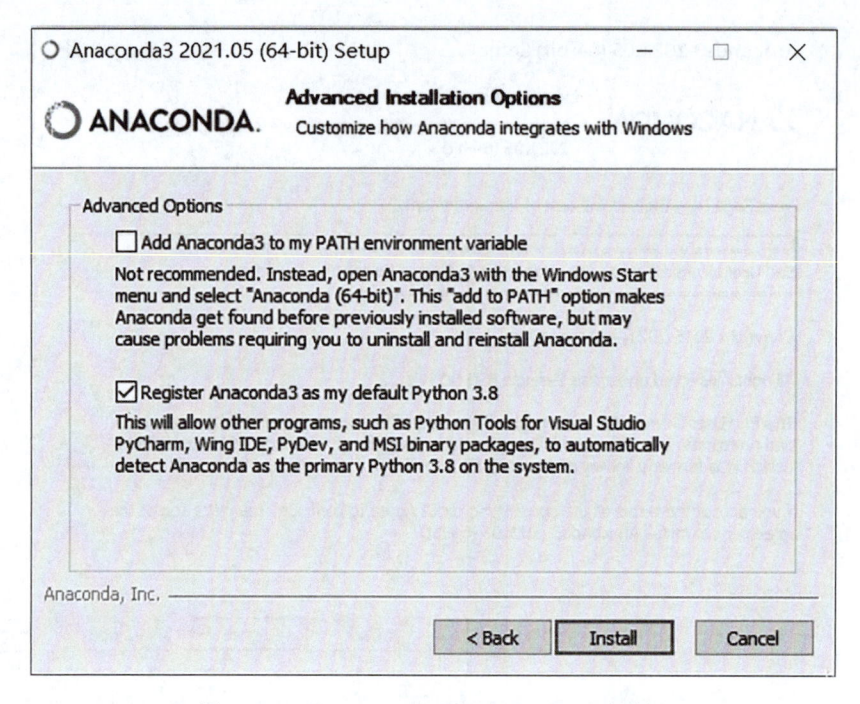

图 1-15　Adanced Installation Options 对话框

图 1-16　安装进度条

（4）安装完成，如图 1-17 所示。

第 1 章　认识 Python

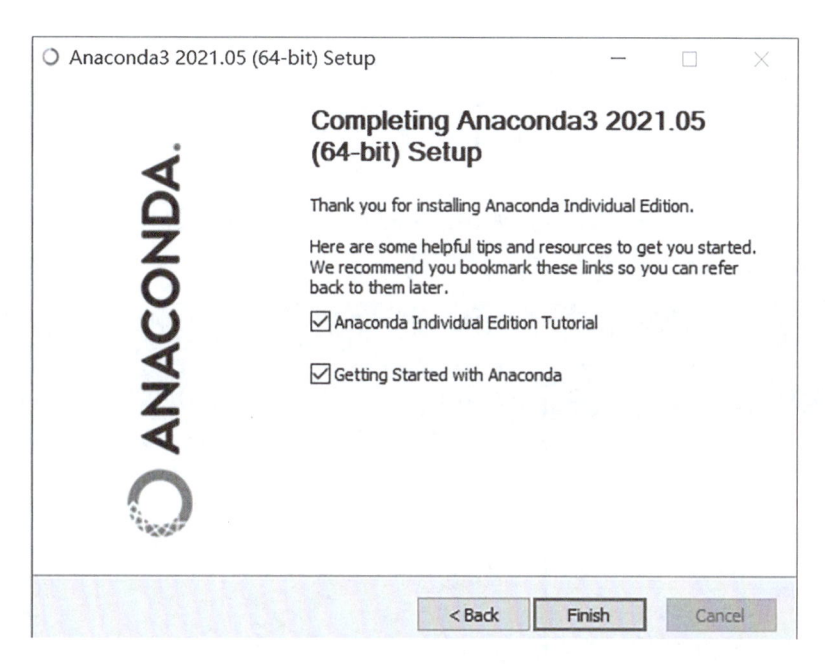

图 1-17　安装完成

1.3　第一个程序 Hello World

1.3.1　交互环境

在"开始"菜单中，单击 Python 3.8 (64-bit)，在出现的如图 1-18 所示对话框中，输入语句 print（'hello world'），输出结果如图 1-19 所示。

图 1-18　交互对话框

图 1-19　运行 hello world

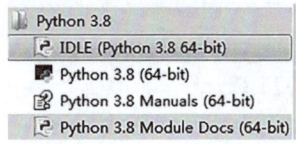

1.3.2　Python 的 IDLE 环境

（1）在"开始"菜单中选择 IDLE 项并单击，如图 1-20 所示，在出现的窗口中选择文件，选中 New File 项并单击，如图 1-21 所示，在新建的文件中输入代码 print（'hello world'），如图 1-22 所示。

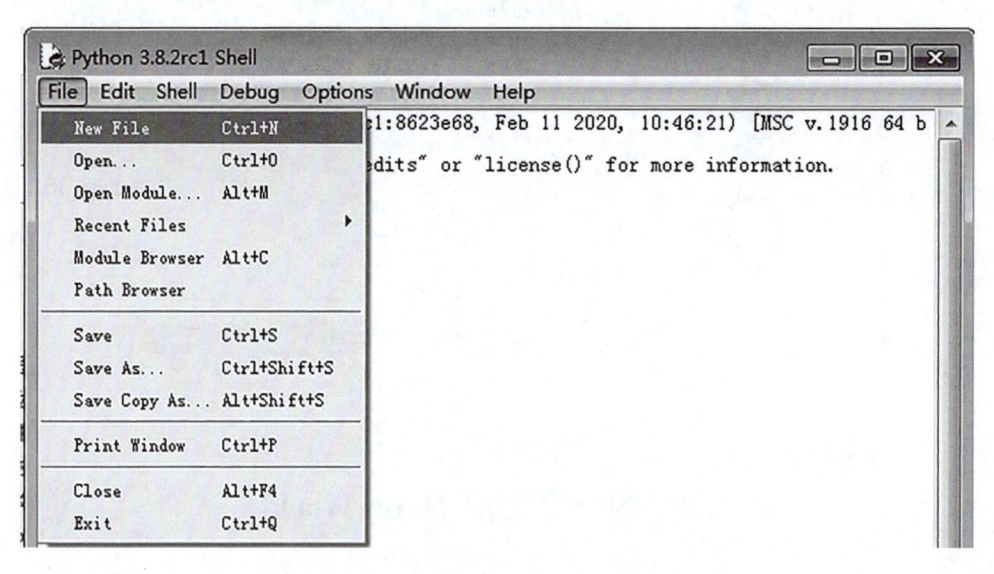

图 1-20　选中 IDLE

图 1-21　新建文件

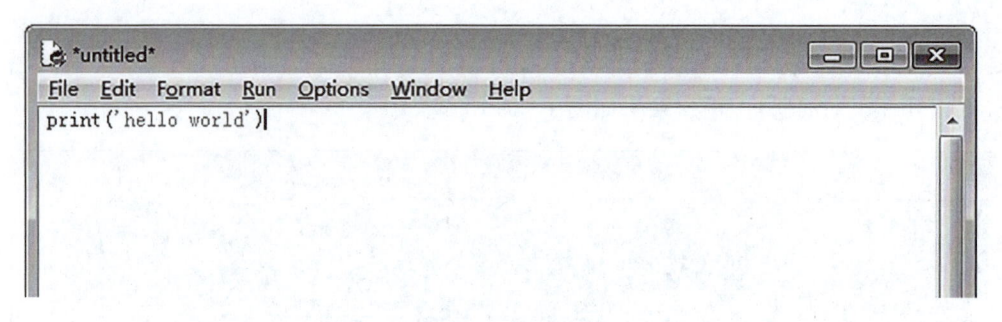

图 1-22　输入代码

（2）保存文件并运行，如图 1-23 和图 1-24 所示，运行结果如图 1-25 所示。

1.3.3　Anaconda3 环境

在开始菜单选中 Jupyter Notebook 项并单击，如图 1-26 所示，就会出现 Jupyter Notebook 窗口如图 1-27 所示，新建 Python 文件，输入代码并运行，如图 1-28 和图 1-29 所示。

第 1 章　认识 Python

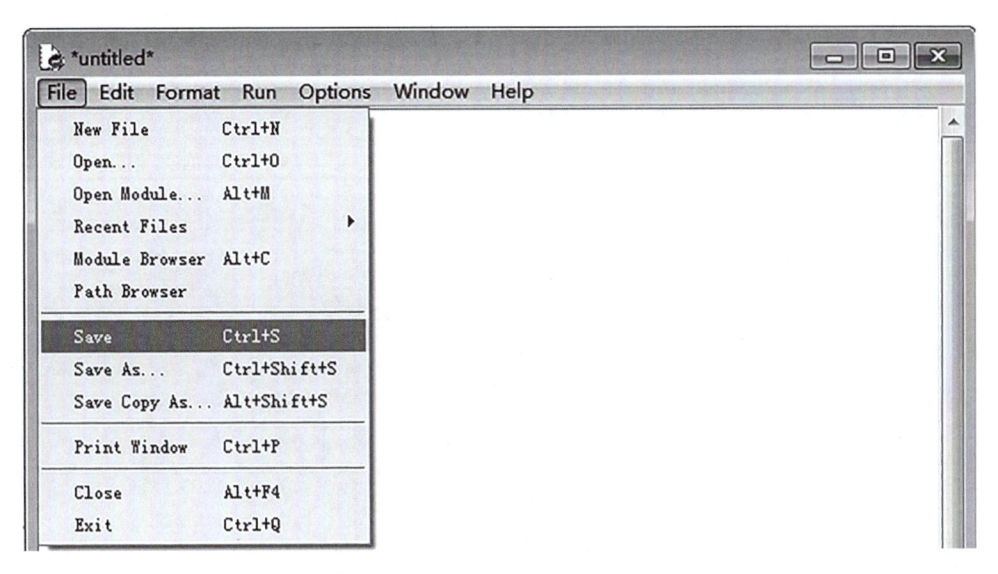

图 1-23　保存文件

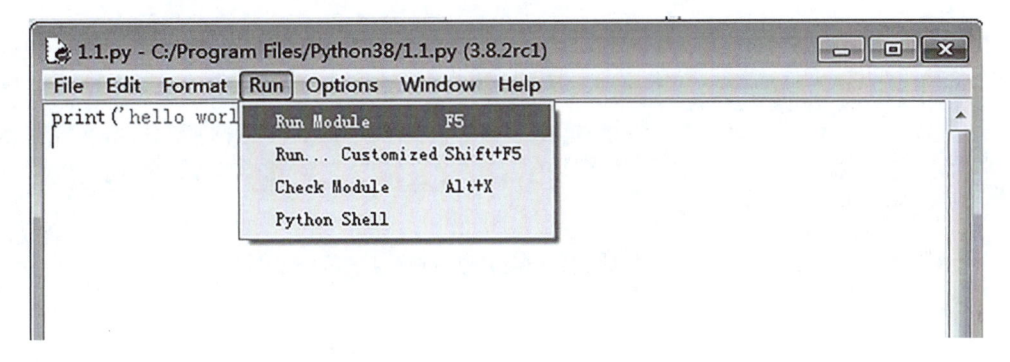

图 1-24　运行文件

图 1-25　运行结果

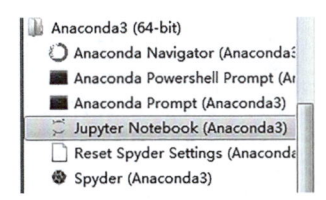

图 1-26　选中 Jupyter Notebook

13

图 1-27　Jupyter Notebook 窗口

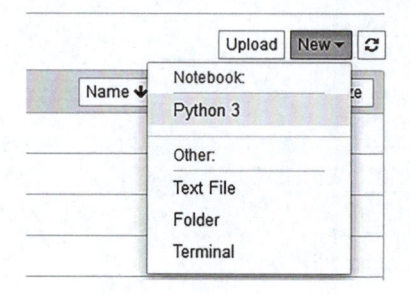

图 1-28　新建文件

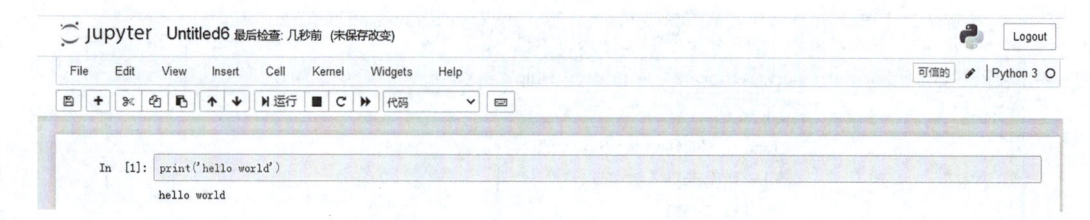

图 1-29　输入代码并运行

第2章 Python基本语法

Python 语言与 C、Java 等语言在编程语法上有许多相似之处。但是,也存在一些差异。一般说来,Python 和其他语言相比,更加简洁、优雅,省略了各种大括号和分号,还有一些关键字、类型说明等,能用很少代码实现相对复杂的功能。

在本章中将学习 Python 的基础语法,快速学会 Python 编程。

2.1 Python 程序语法元素

2.1.1 程序的格式框架

Python 最具特色的就是用缩进来编写模块。Python 语言采用严格的缩进来表示程序逻辑,缩进是程序的格式框架,即段落格式,是 Python 语法的一部分。

缩进是指每一行代码开始前的空白区域,用来表示代码之间的包含和层次关系。其他语言主要通过大括号 {} 来控制类、函数以及其他逻辑判断。但 Python 是通过缩进来实现的,这种设计有助于提高代码的可读性和可维护性。

缩进的空白数量是可变的,缩进可以使用 Tab 键来实现,也可以使用多个空格实现(一般是 4 个空格),但是两者不可以混用。Python 代码编写中,建议采用 4 个空格方式书写代码。

以下实例缩进为 4 个空格:

```
if a>0:
    print ("a>0")
else:
    print ("a< = 0")
```

此外,Python 语言对语句之间的层次关系没有限制,可以嵌套使用多层缩进。以下为一个输出 2000—2100 年之间所有闰年的代码:

```
year = 2000
while year< = 2100:
    if(year % 4 = = 0 and year % 100! = 0)or (year % 400 = = 0):
        print(year,end = " ")
    year += 1
```

可以看到,if 相对于 while 语句有一层缩进,表示 if 语句是在 while 语句中的。print 相对于 if 又有一层缩进,表示 print 语句是包含在 if 语句中的。而 year+=1 这条语句和 if 语句对齐,表示和 if 在同一个层次,都是包含在 while 语句中。

需要注意的是:所有代码块语句必须包含相同的缩进空白数量,一旦不一致,就会报错。在上面的案例中,将 year 前的空格变为两个,运行结果如图 2-1 所示。该错误表明,使用的缩进方式不一致。

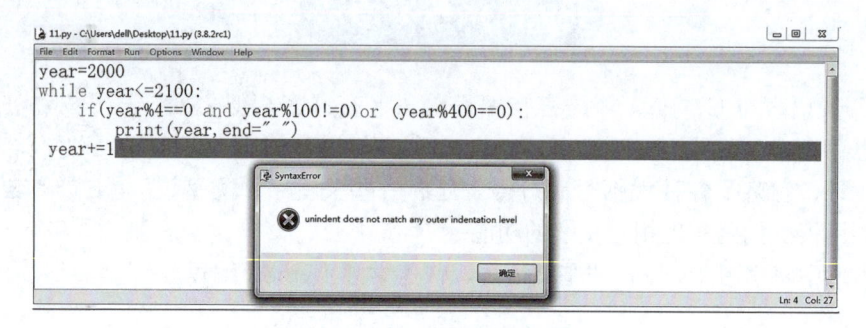

图 2-1　代码中有空格问题

改正后，将 year 前的空格恢复为 4 个，该代码正确执行的结果如图 2-2 所示。

图 2-2　空格正确后的代码和输出

2.1.2　注释

注释就是编写程序时，程序员在代码中增加的一行或多行辅助性的文字，用于对代码的解释和说明，其目的是让人们能够更加轻松地了解代码，能提高程序代码的可读性。在执行过程中，会被编译器或解释器略去，不被计算机执行。

Python 中的注释分为两种：单行注释和多行注释。

（1）单行注释采用 # 开头。实例：

```
print("Happy New Year!")    # 输出一行字符
```

此处，#后面的文字为解释前面的语句，不会被执行。

该语句的执行结果为：

```
=============
Happy New Year!
```

（2）多行注释使用三个单引号'''或三个双引号"""。实例：

```
print("多行注释 1:")
'''
Hello.
```

```
Welcome to China.
'''
print("多行注释 2:")
"""
您好。
欢迎来到中国。
这里是北京。
"""
```

该程序的运行结果为：

```
=============
多行注释 1:
多行注释 2:
```

可以看到，注释的内容全部都没有执行。

总结：♯号注释在程序中用红色字体标识，注意用三个单引号和三个双引号注释的时候，一定要成对出现，如图 2-3 所示。

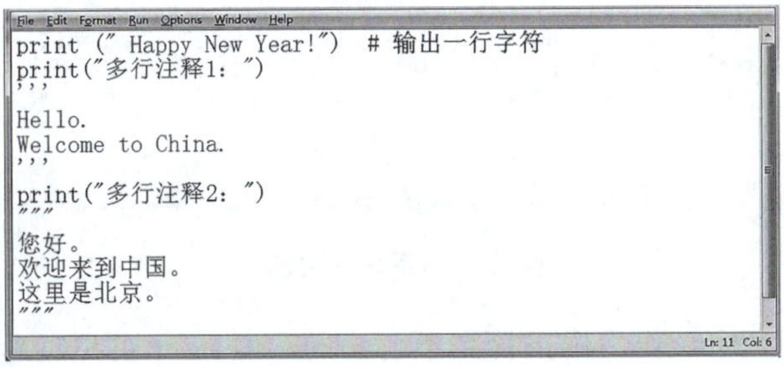

图 2-3　注释语句

2.1.3　标识符

标识符就是一个名字，取名字，便于称呼、指代。它的主要作用就是作为变量、函数、类、模块以及其他对象的名称。由于 Python 支持 UTF-8 字符集，因此 Python 的标识符可以使用 UTF-8 所能表示的多种语言的字符。

具体说来，Python 中标识符是由字母、下画线（_）和数字组成。此处的字母并不局限于 26 个英文字母，可以包含中文字符、日文字符等。

此外，要注意以下几点：

（1）标识符的第一个字符不能是数字。例如：abc1 是合法的标识符，但是 1abc 这个标识符就是不合法，因为标识符不允许数字开头。

（2）标识符不能和 Python 保留字相同，但可以包含保留字。保留字也称为关键字，指被编程语言内部定义并保留使用的标识符，程序员编写程序时不能定义与保留字相同的标识符。每种程序设计语言都有一套保留字，保留字一般用来构成程序整体框架、表达关键值和具有结构性的复杂语义等。掌握一门编程语言首先要熟记其所对应的保留字。如表 2-1 中列举了 Python3 的 33 个关键字。

表 2-1　　　　Python3 的 33 个关键字

and	elif	import	raise	global
as	else	in	return	nonlocal
assert	except	is	try	TRUE
break	finally	lambda	while	FALSE
class	for	not	with	None
continue	from	or	yield	
def	if	pass	del	

也可以在调试窗口中使用 import keyword 和 keyword. kwlist 获得关键字，如图 2-4 所示。

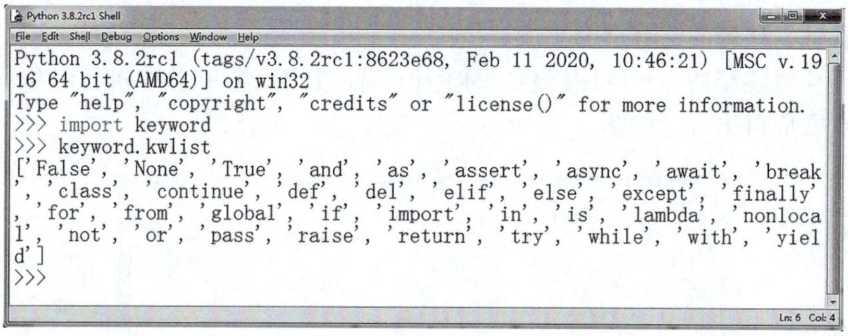

```
Python 3.8.2rc1 (tags/v3.8.2rc1:8623e68, Feb 11 2020, 10:46:21) [MSC v.19
16 64 bit (AMD64)] on win32
Type "help", "copyright", "credits" or "license()" for more information.
>>> import keyword
>>> keyword.kwlist
['False', 'None', 'True', 'and', 'as', 'assert', 'async', 'await', 'break
', 'class', 'continue', 'def', 'del', 'elif', 'else', 'except', 'finally'
, 'for', 'from', 'global', 'if', 'import', 'in', 'is', 'lambda', 'nonloca
l', 'not', 'or', 'pass', 'raise', 'return', 'try', 'while', 'with', 'yiel
d']
>>>
```

图 2-4　系统的关键字

例如：not 是保留字，作为标识符是不合法的，但 not1 可以，包含保留字就是合法的标识符。

（3）标识符不能包含空格。

（4）标识符中的字母是严格区分大小写的。因此 abc 和 Abc 是两个不同的标识符。

此外，标识符可以采用中文等非英语语言字符，但我们应尽量避免使用中文等非英语语言字符作为标识符，因为会遇到输入法切换、平台编码支持、跨平台兼容等问题。

接下来看看下面变量，哪些是合法的，哪些是不合法的：

3w：不合法，标识符不允许数字开头。

abc_xyz：合法。

HelloWorld：合法。

Hello World：不合法，标识符不能包含空格。

a_and_Name：合法。

abc：合法。

xyz#abc：不合法，标识符中不允许出现"#"号。

W3：合法。

2.2　变量与数据类型

编写程序的目的是利用计算机存储和处理客观事物的信息，以帮助人们处理各种业务。而这些信息是由若干数据项组成的，这些数据项的类型又不完全相同。如员工信息包含工号、姓名、性别、年龄、工资等级、婚否等。其中姓名、性别是字符和汉字组成的字符串；工号、年龄、工资等级是整数；婚否是逻辑值。在计算机中，这些数据的存储是通过变量来实现的。也就是说，变量是编程者为了存储数据而命名的内存空间。

变量和数据类型是学习 Python 最基础、最重要的内容。其实，对于任何一门编程语言来说，都是如此。

2.2.1 变量

变量，英文称为 Variable，是指在程序运行过程中，值可以被改变的量。Python 在创建变量时会在内存中开辟一个空间，这个空间用来存储变量的值。指向对象的值的名称就是变量名，也是标识符的一种，必须要遵守 Python 标识符命名规则。

每个变量都拥有独一无二的名字，例如 a＝1。a 为变量名，1 为值。此外，程序中的数据都要放在一定的内存空间中，变量名就是这块内存空间的名字。

在 Python 中，变量可以不声明而直接赋值使用，通过等号赋值以后，变量就会被创建，创建完成后就可以直接使用。

2.2.2 变量赋值

每个变量在使用前都必须赋值，变量赋值以后该变量才会被创建。

具体赋值的形式有 3 种：

1. 变量名＝值

其中，等号"＝"用来给变量赋值。等号"＝"运算符左边是一个变量名，等号"＝"运算符右边是存储在变量中的值。这种方式用来给一个变量赋值。例如 a＝1。

Python 中的变量赋值不需要类型声明。从形式上看，每个变量都拥有独一无二的名字，其中 a 为变量名，1 为变量值。例如：

```
Months = 12    # 赋值整型变量
Weight = 45.25    # 浮点型
Country = "China"    # 字符串
```

2. 变量名1＝变量名2＝…＝变量名n＝值

Python 还允许给多个变量同时赋值。例如：

```
x = y = z = 2
```

以上实例，创建一个整型对象，值为 2，从后向前赋值，3 个变量 x，y，z 都被赋予相同的数值。

3. 变量名1，变量名2，…，变量名n＝值1，值2，…，值n

Python 也可以为多个对象指定多个变量。例如：

```
a,b,c = 24, 12.0,"china"
```

以上实例，整型变量 24 分配给变量 a，浮点型对象 12.0 分配给变量 b，字符串对象 "china" 分配给变量 c。

2.2.3 数据类型

在 Python 语言中，数据类型有 6 种，分别是数值型（numeric types）、字符串型（string）、列表型（list）、元组型（tuple）、字典型（dictionary）和集合（set），其中，数字型包括整型（int）、浮点型（float）、布尔型（bool）和复数型（complex）。在 Python 3 的 6 个标准数据类型中：不可变数据有 3 个：numeric（数值）、string（字符串）、tuple（元组）；可变数据有 3 个：List（列表）、Dictionary（字典）、Set（集合）。

这里，首先介绍基本数据类型数值型（numeric Types）和字符串型（string），其余的组合数据类型在第 4 章介绍。

2.2.4 数值型

Python 支持 int、float、bool、complex（复数）。

1. 整型（Integers）

在 Python 3 里，只有一种整数类型 int，表示为长整型，没有 python 2 中的 Long。与数学中的整数概念一致，没有取值范围限制，能表达的数的范围是无限的，内存足够大，就能表示足够多的数，包括正负的整数，如：0110、−123、123456789。

Python 的整数类型共有 4 种进制表示：十进制、二进制、八进制和十六进制。默认采用十进制，其他进制需要增加引导符号。0b 开始的是二进制（binary），0o 开始的是八进制（octonary），0x 开始的十六进制（hexadecimal），例如：

1010，99，−217（十进制，无引导符）

0x9a，−0X89（0x，0X 开头表示十六进制数）

0b010，−0B101（0b，0B 开头表示二进制数）

0o123，−0O456（0o，0O 开头表示八进制数）

进制之间可以使用函数进行转换，使用时需要注意数值符合进制。

其他进制转二进制——bin（var）

其他进制转八进制——oct（var）

其他进制转十进制——int（var）

其他进制转十六进制——hex（var）

特别说明：

（1）其实不管赋值时用什么进制默认输出都是十进制，所以可以直接使用，不需要转换。比如赋值时写为：a=0b1000，显示时会显示为 a 等于 8。

代码及执行过程如下：

```
>>> a = 0b100
>>> print(a)
4
```

（2）以上几个函数中的参数 var 都为各进制的整数，以 0b 等标识将进行转换的数值的原始进制，如 int（0b1000）。

通过交互的方式，练习并理解八进制数 0o10 的转化。

```
>>> print("八进制数转换为二进制数为:",bin(0o10))
八进制数转换为二进制数为：0b1000
>>> print("八进制数转换为十六进制数为:",hex(0o10))
八进制数转换为十六进制数为：0x8
>>> print("八进制数转换为十进制数为:",int(0o10))
八进制数转换为十进制数为：8
```

此外，通过文件的方式，练习并理解十进制数转换为其他进制。编写如下代码：

```
var = int(input("请输入数字:"))
print("十进制数为:",var)
print("转换为十六进制数为:",hex(var))
print("转换为八进制数为:",oct(var))
print("转换为二进制数为:",bin(var))
```

运行结果如下：

```
=============
请输入数字:12
十进制数为：12
转换为十六进制数为：0xc
转换为八进制数为：0o14
转换为二进制数为：0b1100
```

2. 布尔型（Booleans）

Python 中布尔值是整型（Integers）的子类，用于逻辑判断真（True）或假（False），用数值 1 和 0 分别代表常量 True 和 False。在 Python2 中是没有布尔型的，它用数字 0 表示 False，用 1 表示 True。

此外，在 Python 语言中，False 可以是数值为 0、对象为 None 或者是序列中的空字符串、空列表、空元组。

注意：Python3 中，bool 是 int 的子类，True 和 False 可以和数字相加，True==1、False==0 会返回 True。

通过交互式的方式来看以下结果：

```
>>> issubclass(bool,int)
True
>>> True = = 1
True
>>> False = = 0
True
>>> True + 1
2
>>> False + 1
1
```

3. 浮点型（Float）

浮点型（Float）是含有小数的数值，用于实数的表示，由正负号、数字和小数点组成，正号可以省略，如：−3.0、0.13、7.18。Python 的浮点型执行 IEEE754 双精度标准，8 个字节一个浮点数，范围 −1.8308～+1.8308 的数均可以表示。Python 语言要求所有浮点数必须带有小数部分，小数部分可以是 0。

浮点型也可以使用科学记数法表示（$2.5e2=2.5*10^2=250$）（科学记数法使用字母 e 或 E 作基数为幂的符号，以 10 为基数，含义如下：$<a>e<b>=a*10^b$）。

4. 复数型（Complex）

复数类型（Complex）与数学中的复数概念一致，由实数和虚数组成，用于复数的表示，z＝a+bj，a 和 b 都是浮点类型，a 是实数部分，b 是虚数部分，虚数部分用 j 或者 J 标识。如：−1j、0j、1.0j。Python 的复数类型是其他语言一般没有的。

2.2.5 字符串型

字符串（strings），用于 Unicode 字符序列，使用一对单引号、双引号和使用三对单引号或者双引号引起来的字符就是字符串，如'hello world' "20180520" '''hello''' """ happy!"""。

1. Python 字符串的索引

字符串最左端位置标记为 0，依次增加。字符串中的编号叫作"索引"。一个长度为 L 的字符串最后一个字符的位置是 L−1。Python 同时允许使用负数从字符串右边末尾向左边进行反向索引，最右侧索引值是−1。

这里我们定义一个字符串 string＝"Hello Python"。

字符串 string 的正反序索引见表 2-2 字符串 string 的正反序索引。

表 2-2　　　　　　　　　　字符串 string 的正反序索引

字符	H	e	l	l	o		P	y	t	h	o	n
正序	0	1	2	3	4	5	6	7	8	9	10	11
反序	−12	−11	−10	−9	−8	−7	−6	−5	−4	−3	−2	−1

2. Python 访问字符串中的值

Python 不支持单字符类型，单字符在 Python 中也是作为一个字符串使用。Python 访问子字符串，可以使用方括号 [ ] 来截取字符串，字符串的截取的语法格式如下。

(1) 单个索引辅助访问字符串中的特定位置。

格式：<string> [<索引>]

str [6] 的值为 P

str [−5] 的值为 y

(2) 可以通过两个索引值确定一个位置范围，返回这个范围的子串。

格式：< string> [<start> : <end>]

start 和 end 都是整数型数值，这个子序列从索引 start 开始直到索引 end 结束，但不包括 end 位置。如：

```
>>> str[0:3]
```

'Hel'

也可以使用负索引。如

```
>>> str[-5:-3]
'yt'
```

此外，start 和 end 也可以空缺一个，start 空缺表示从头开始，end 空缺表示到尾结束。如：

```
>>> str[:5]
'Hello'
>>> str[-5:]
'ython'
```

值得注意的是在<string> ［<start>：<end>］这种格式中，还可以指定步长，格式为：

```
<string> [<start> :<end> :<step> ]
```

如：

```
>>> str[0:10:2]
'HloPt'
```

3. 字符串之间可以通过"＋"或"＊"进行连接

加法操作（＋）将两个字符串连接成为一个新的字符串，乘法操作（＊）生成一个由其本身字符串重复连接而成的字符串。如：

```
>>> "pan"+"cake"
'pancake'
>>> 'good'*3
'goodgoodgood'
```

4. 字符串长度

Python 中，要想知道一个字符串有多少个字符（获得字符串长度），或者一个字符串占用多少个字节，可以使用 len 函数。

len 函数的基本语法格式为：

len（string）

其中 string 用于指定要进行长度统计的字符串。

例如，定义一个字符串，内容为"https：//www.baidu.com/"，然后用 len（）函数计算该字符串的长度，执行代码如下：

```
>>>a='https://www.baidu.com/'
>>> len(a)
22
```

中文字符同样可以使用，如：

```
>>> len("你好,世界!")
6
```

2.2.6 查询数据类型

type（）函数是内建的用来查询变量类型的函数，调用它可以简单地查看数据类型，基本用法如下：

type（对象）

对象即为需要查看类型的对象或数据，通过返回值返回相应的类型，如：

```
>>> type(1)          #查看数值 1 的数据类型
<class'int'>         #返回结果
>>> type(1.0)        #查看数值 1.0 的数据类型
<class'float'>       #返回结果
>>> type('1')        #查看'1'的数据类型
<class'str'>         #返回结果
```

注意：从上面的例子可以看到，虽然都是形式上的 1，但是数据类型是完全不一样的，在编写程序的过程中一定要注意数据类型。

面对较为复杂的赋值，可以使用 type（）函数来查看赋制后的数据类型。如：

```
>>>a,b,c,d,e = 13,13.4,False,5 + 4j,"China"
>>> print(type(a),type(b),type(c),type(d),type(e))
<class'int'>  <class'float'>  <class'bool'>  <class'complex'>  <class'str'>
```

可以看出，通过赋值，a 是 int 型，b 是 float 型，c 是 bool 型，d 是复数型，e 是字符串型。

2.2.7 数据类型的转换

有时候，我们需要对数据内置的类型进行转换，数据类型的转换，一般情况下只需要将数据类型作为函数名即可。Python 数据类型转换可以分为以下两种。

1. 隐式类型转换——自动完成

在隐式类型转换中，Python 会自动将一种数据类型转换为另一种数据类型，不需要去干预。

以下实例中，我们对两种不同类型的数据进行运算，较低数据类型（整数）就会转换为较高数据类型（浮点数）以避免数据丢失。

【实例 2-1】 对不同类型的数据进行运算。

```
a_int = 100
a_float = 2.0
a_new = a_int + a_float
print("a_int 数据类型为:",type(a_int))
print("a_float 数据类型为:",type(a_float))
print("a_new 值为:",a_new)
print("a_new 数据类型为:",type(a_new))
```

输出结果为：

```
==============
a_int 数据类型为：<class'int'>
a_float 数据类型为：<class'float'>
a_new 值为：102.0
a_new 数据类型为：<class'float'>
```

代码解析：

［实例 2-1］中我们对两个不同数据类型的变量 a_int 和 a_float 进行相加运算，并存储在变量 a_new 中。然后查看 3 个变量的数据类型。

在输出结果中，我们看到 a_int 是 整型（integer），a_float 是 浮点型（float）。

同样，新的变量 a_new 是 浮点型（float），这是因为 Python 会将较小的数据类型转换为较大的数据类型，以避免数据丢失。

2. 显式类型转换——需要使用类型函数来转换

在显式类型转换中，用户将对象的数据类型转换为所需的数据类型。使用 int()、float()、str() 等预定义函数来执行显式类型转换。

(1) int() 强制转换为整型。

【实例 2-2】 使用 int() 强制转换为整型。

```
>>> print(int(1))
1
>>> print(int(1.0))
1
>>> print(int("1"))
1
```

分析实例，不难发现，整型、浮点型，字符串型通过 int() 函数都可以转化为整型。字符串 "1" 的转化，直接输出不是很明显，但是比较以下运算就可以很清楚地看出来。

```
>>> print(int("1") + 2)
3
>>> print("1" + 2)
Traceback (most recent call last):
  File"< pyshell#9> ", line 1,in < module>
    print("1" + 2)
TypeError: can only concatenate string (not "int") to string
```

通过 print("1" +2) 语句的执行结果说明，字符串 "1" 和数字是不能相加的，在 print (int ("1") +2) 中，先将字符串 "1" 转化为数字 1，和数字 2 相加就没有问题了。

此外，如果想要将一个浮点数的字符串转化为整型，是不能成功的，会报错。

```
>>> print(int("1.2"))
Traceback (most recent call last):
```

```
    File"< pyshell#6> ",line 1,in < module>
        print(int("1.2"))
ValueError: invalid literal for int() with base 10: '1.2'
```

(2) float () 强制转换为浮点型。

【实例 2-3】 使用 float () 强制转换为浮点型。

```
>>> print(float(1))
1.0
>>> print(float(1.1))
1.1
>>> print(float("1.1"))
1.1
>>> print(float("1"))
1.0
```

通过实例分析，可以看出，不管是字符串"1"还是数字1，都可以通过 float () 强制转换为浮点数 1.0。

(3) str () 强制转换为字符串类型。

【实例 2-4】 使用 str () 强制转换为字符串类型。

```
>>> print(str("abc"))
abc
>>> print(str(2))
2
>>> print(str(2.0))
2.0
```

仅仅是输出，很难区分整型、浮点型和字符串型的区别，通过运算就可以清楚看出。

```
>>> print(2 + 1)
3
>>> print(str(2) + 1)
Traceback (most recent call last):
    File"< pyshell#3> ",line 1,in < module>
        print(str(2) + 1)
TypeError: can only concatenate str (not"int") to str
>>> print(str(2) + "1")
21
```

从提示可以，看出将数字 2 进行转化后，就变成了字符串"2"，不能和数字相加，但是可以和字符串合并。

(4) 整型和字符串类型进行运算，就可以用强制类型转换来完成。

【实例 2-5】 使用强制类型转换来完成。

```
a_int = 123
a_string = "456"
```

```
print("a_int 数据类型为:",type(a_int))
print("类型转换前,a_string 数据类型为:",type(a_string))
a_string = int(a_string)    #强制转换为整型
print("类型转换后,a_string 数据类型为:",type(a_string))
a_sum = a_int + a_string
print("a_int 与 a_string 相加结果为:",a_sum)
print("sum 数据类型为:",type(a_sum))
```

以上实例输出结果为：

```
=============
a_int 数据类型为：< class'int'>
类型转换前,a_string 数据类型为：< class 'str'>
类型转换后,a_string 数据类型为：< class 'int'>
a_int 与 a_string 相加结果为：579
sum 数据类型为：<class 'int '>
```

2.3 表 达 式

表达式是将不同类型的数据（常量、变量、函数）用运算符按照一定的规则连接起来的式子。表达式的组成由运算符（Operators）和操作数（Operands）。如：2＋3 * 4。其中＋、* 就是运算符，2、3、4 就是操作数。根据运算符的不同，可以组成不同的表达式。

2.3.1 算术运算符和算术表达式

算术运算符主要是用于数字类型的数据基本运算，Python 支持直接进行计算，也就是可以将 python shell 当计算器来使用。

Python 中主要用的算术运算符见表 2-3。

表 2-3　　　　　　　　　　算术运算符

运算符	说明	表达式	结果
＋	加法：两个数相加	10＋24	34
－	减法：两个数相减	24－10	14
*	乘法：两个数相乘	24 * 10	240
/	除法：两个数相除	24/10	2.4
%	取模：除法运算求余数	24 % 10	4
* *	幂：返回 x 的 y 次幂	2 * * 4	16
//	取整除：返回商整数部分	24 // 10	2

以下实例演示了 Python 所有算术运算符应用于数字类型的操作。

【实例 2-6】 Python 所有算术运算符应用于数字类型的操作。

```
a = 30
b = 12
c = 3
c = a + b
print ("1 - 加法的结果为:",c)
c = a - b
print ("2 - 减法的结果为:",c)
c = a * b
print ("3 - 乘法的结果为:",c)
c = a / b
print ("4 - 除法的结果为:",c)
c = a % b
print ("5 - 取模的结果为:",c)
# 修改变量 a、b 、c
a = 3
b = 2
c = a * * b
print ("6 - 求幂的结果为:",c)
a = 34
b = 5
c = a//b
print ("7 - 取整除的结果为:",c)
```

以上实例输出结果:

```
==============
1 - 加法的结果为: 42
2 - 减法的结果为: 18
3 - 乘法的结果为: 360
4 - 除法的结果为: 2.5
5 - 取模的结果为: 6
6 - 求幂的结果为: 9
7 - 取整除的结果为: 6
```

需要特别说明的是，通过算术运算符操作的结果，可能改变数值类型，3 种数值类型的关系为：整型—>浮点型—>复数型。基于这种关系，数值类型之间相互运算所生成的结果是"更宽"的类型，基本规则是：

整数之间运算，如果数学意义上的结果是小数，结果是浮点数；

整数之间运算，如果数学意义上的结果是整数，结果是整数；

整数和浮点数混合运算，输出结果是浮点数；

整数或浮点数与复数运算，输出结果是复数。

根据以上规则，进行实例验证：

【实例 2－7】 数值类型之间相互运算结果的数据类型。

```
>>> 1+2
3
>>> 1+2.0
3.0
>>> 3-2
1
>>> 3-5.0
-2.0
>>> 4*2
8
>>> 4*2.0
8.0
>>> 5/3
1.6666666666666667
>>> 6/3
2.0
>>> 3+4-3j
(7-3j)
>>> 3.0+4-3j
(7-3j)
```

通过实例不难观测出，"＋""－""＊"的运算结果均符合以上规则，但是"／"除法和上述规则略有差异，不管运算结果是小数还是整数，结果均为浮点数。

另外，除了用于数字类型的操作，"＋""＊"还可以用于字符串的操作。

"＋"还可以作为字符串的连接运算符。

例如下面的代码：

```
s1 = 'Hello,'
s2 = 'Pyhon'
#使用+连接两个字符串
print(s1+s2)
```

运行结果为：

```
=============
Hello,Pyhon
```

"＊"还可以作为字符串的连接运算符，表示将 N 个字符串连接起来。

例如如下代码：

```
s = 'Beijing'
#使用*将3个字符串连接起来
print(s * 3)
```

运行结果为：

```
=============
Beijing Beijing Beijing
```

"—"除可以作为减法运算之外,还可以作为求负的运算符。

例如如下代码:

```
#定义变量x,其值为-6.0
x = -6.0
#将x求负,其值变成6.0
x = -x
print(x)
```

运行结果为:

```
=============
6.0
```

2.3.2 比较运算符和比较表达式

比较运算符用于判断同类型的对象是否相等,比较运算的结果是布尔值 True 或 False,比较时因数据类型不同比较的依据不同。

Python 中主要的比较运算符见表 2-4。

表 2-4　　　　　　　　　　Python 中主要的比较运算符

运算符	说明	表达式	结果
==	等于:判断两数是否相等	1==2	False
!=	不等于:判断两数是否不相等	1!=2	True
>	大于:判断左数是否大于右数	1>2	False
<	小于:判断左数是否小于右数	1<2	True
>=	大于等于:判断左数是否大于等于右数	1>=2	False
<=	小于等于:判断左数是否小于等于右数	1<=2	True

下面程序示范了比较运算符的基本用法:

```
>>> print("6 是否大于 4:",6 > 4)
6 是否大于 4:True
>>> print("4 的 3 次方是否大于等于 90:",4 ** 3 >=90)
4 的 3 次方是否大于等于 90:False
>>> print("10 是否大于等于 10.0:",10 >=10.0)
10 是否大于等于 10.0:True
>>> print("5 和 5.0 是否相等:",5 ==5.0)
5 和 5.0 是否相等:True
>>> print("True 和 False 是否相等:",True ==False)
True 和 False 是否相等:False
```

以上实例将比较运算表达式的结果直接输出,实际上,比较运算表达式用得较多的情况是作为判断的条件,结合选择分支语句来实现。

【实例 2-8】 比较运算表达式用于作为判断的条件。

```
a = 21
b = 10
c = 0
if (a == b):
    print ("1 - a 等于 b")
else:
    print ("1 - a 不等于 b")
if (a! = b):
    print ("2 - a 不等于 b")
else:
    print ("2 - a 等于 b")
if (a<b):
    print ("3 - a 小于 b")
else:
    print ("3 - a 大于等于 b")
if (a>b):
    print ("4 - a 大于 b")
else:
    print ("4 - a 小于等于 b")
# 修改变量 a 和 b 的值
a = 5
b = 20
if (a< = b):
    print ("5 - a 小于等于 b")
else:
    print ("5 - a 大于  b")
if (b> = a):
    print ("6 - b 大于等于 a")
else:
    print ("6 - b 小于 a")
```

以上实例输出结果:

============
1 - a 不等于 b
2 - a 不等于 b
3 - a 大于等于 b
4 - a 大于 b
5 - a 小于等于 b
6 - b 大于等于 a

2.3.3 逻辑运算符

逻辑运算符为 and（与）、or（或）、not（非）用于逻辑运算，判断表达式的逻辑结果，为 True 或者 False，通常与流程控制一起使用。

Python 主要的逻辑运算符见表 2-5。

表 2-5　　　　　　　　　　　逻辑运算符

运算符	表达式	x	y	结果	说明
and	x and y	True	True	True	表达式一边有 False 就会返回 False，当两边都是 True 时返回 True
		True	False	False	
		False	True	False	
		False	False	False	
or	x or y	True	True	True	表达式一边为 True 就会返回 True，当两边都是 False 时返回 False
		True	False	True	
		False	True	True	
		False	False	False	
not	not x	True	/	False	表达式取反，返回值与原值相反
		False	/	True	

【实例 2-9】　and 和 or 运算的运行示例。

```
a = 1
b = 2
if (a and b):
    print("1-变量 a 和 b 都为 true")
else:
    print("1-变量 a 和 b 有一个不为 true")
if (a or b):
    print("2-变量 a 和 b 都为 true,或其中一个变量为 true")
else:
    print("2-变量 a 和 b 都不为 true")
#修改变量 b 的值
b = 0
if (a and b):
    print("3-变量 a 和 b 都为 true")
else:
    print("3-变量 a 和 b 有一个不为 true")
if (a or b):
    print("4-变量 a 和 b 都为 true,或其中一个变量为 true")
else:
    print("4-变量 a 和 b 都不为 true")
```

```
if not(a and b):
    print ("5 - 变量 a 和 b 都为 false,或其中一个变量为 false")
else:
    print ("5 - 变量 a 和 b 都为 true")
```

以上实例输出结果：

```
=============
1 - 变量 a 和 b 都为 true
2 - 变量 a 和 b 都为 true,或其中一个变量为 true
3 - 变量 a 和 b 有一个不为 true
4 - 变量 a 和 b 都为 true,或其中一个变量为 true
5 - 变量 a 和 b 都为 false,或其中一个变量为 false
```

值得需要注意的是：Python 中的与运算是短路的与，也就是说与运算是找 False 的，如果第一个值为 False，则第二个表示式就不执行了。Python 中的或运算是短路的或，也就是说或运算是找 True 的，如果第一个值为 True，则第二个表示式就不执行了。

【实例 2-10】 验证 and 为短路与，验证 or 为短路或。

```
#验证 and 为短路与,找 False 结束
#第一个值是 True,会执行 print()
True and print('第一个值为 True,继续执行。')
#第一个值是 False,不会执行 print()
False and print('第一个值为 False,短路了。')
```

运行结果为：

```
=============
第一个值为 True,继续执行。
```

通过运行结果可以看出，第一个值为 False 时，and 后面的 print 语句就没有执行了。但是第一个值为 True 时，and 后面的 print 语句继续执行了。

```
#验证 or 为短路或,找 True 结束
#第一个值是 True,不会执行 print()
True or print('第一个值为 True,短路了。')
#第一个值是 False,会执行 print()
False or print('第一个值为 False,继续执行。')
```

运行结果：

```
=============
第一个值为 False,继续执行。
```

通过运行结果可以看出，第一个值为 True 时，or 后面的 print 语句就没有执行了。但是第一个值为 False 时，or 后面的 print 语句继续执行了。

有些时候，程序需要使用多个逻辑运算符来组合复杂的逻辑。例如，想判断一个年份是否为闰年。闰年分为普通闰年和世纪闰年。普通闰年是能被 4 整除但不能被 100 整除的年份。世纪闰年是能被 400 整除的年份。那这个条件就可以表示为年份能被 4 整除

并且不能被 100 整除，或者能被 400 整除。

设 year 表示年份，则用表达式来表示就可以写成：

(year ％4＝＝0 and year ％ 100！＝0)or(year ％ 400＝＝0)

根据这个表达式，编程如下：

```
year = int(input("请输入年份:"))
if(year ％4＝＝0 and year ％ 100！＝0)or(year ％ 400＝＝0):
    print("%d 为闰年"% year)
else:
    print("%d 不是闰年"% year)
```

运行结果为：

=============
请输入年份:2000
2000 为闰年

对于组合逻辑来说，使用圆括号保证运算顺序非常重要。因为 and 的优先级要高于 or，所以，在这个表达式中，有没有括号并不影响结果。在这段代码中，把括号去掉后，看一下运行结果。

```
year = int(input("请输入年份:"))
if year ％4＝＝0 and year ％ 100!＝0 or year ％400＝＝0：
    print("%d 为闰年"% year)
else：
    print("%d 不是闰年"% year)
```

运行结果：

=============
请输入年份:2000
2000 为闰年

但是需要说明的是，即使不是为了保证逻辑运算的顺序，且有括号和没括号的输出结果是一样的，也依然建议使用圆括号来提高程序的可读性。

2.3.4 复合赋值运算符

复合赋值运算符可能初看觉得有点复杂，不好理解，但是一旦提到赋值的话就会有等号"＝"赋值运算符号，那么在数学运算符的右边都加上了"＝"等号赋值运算符，这种写法的运算符称为复合赋值运算符。

复合赋值运算符运算过程：当解释器只执行到复合赋值运算符时，先计算算术运算符的表达式，再将算术运算符执行后的结果赋值到等号左边的变量。复合赋值可以让程序更加精练，提高效率。

Python 中主要的复合赋值运算符见表 2-6。

表 2-6　　　　　　　　　　　复合赋值运算符

运算符	说明	表达式	等效表达式
＝	直接赋值	x＝y＋z	x＝z＋y
＋＝	加法赋值	x＋＝y	x＝x＋y
－＝	减法赋值	x－＝y	x＝x－y
＊＝	乘法赋值	x ＊＝y	x＝x＊y
/＝	除法赋值	x/＝y	x＝x/y
%＝	取模赋值	x %＝y	x＝x% y
＊＊＝	幂赋值	x＊＊＝y	x＝x ＊＊y
//＝	整除赋值	x//＝y	x＝x// y

【实例 2－11】 复合赋值运算。

```
a = 2
b = 3
c = 0
c = a + b
print("1－c 的值为:",c)
c + = a
print("2－c 的值为:",c)
c * = a
print("3－c 的值为:",c)
c / = a
print("4－c 的值为:",c)
c = 9
c % = a
print("5－c 的值为:",c)
c = 3
c * * = a
print("6－c 的值为:",c)
c = 4
c // = a
print("7－c 的值为:",c)
```

以上实例输出结果：

```
=============
1－c 的值为:5
2－c 的值为:7
3－c 的值为:14
4－c 的值为:7.0
5－c 的值为:1
```

6-c 的值为：9
7-c 的值为：2

2.3.5 运算符优先级

在数学运算中，有"先乘除后加减"的运算规则，在程序语言中一样有运算符的优先级问题，一个表达式中可能包含多个不同运算符，必须按一定顺序进行结合，才能保证运算的合理性和结果的正确性、唯一性。这就是运算符的优先级。

所谓运算符的优先级，指的是在含有多个运算符的式子中，到底应该先计算哪一个，后计算哪一个。

Python 中运算符的运算规则是，优先级高的运算符先执行，优先级低的运算符后执行，同一优先级的运算符按照从左到右的顺序进行。

需要注意的是，Python 语言中大部分运算符都是从左向右执行的，只有单目运算符、赋值运算符和三目运算符例外，它们是从右向左执行的。

此外，Python 运算符中，如果有小括号，即（），则小括号的优先级最高。

Python 中运算符的优先级和结合性见表 2-7。

表 2-7 Python 运算符的优先级和结合性

运算符	说明	优先级	结合性
()	小括号	19	无
[ ]	索引运算符	18	左
.	属性访问	17	左
**	乘方	16	左
~	按位取反	15	右
+/-	符号运算符（正号、负号）	14	右
*、/、//、%	乘除	13	左
+、-	加减	12	左
>>、<<	移位	11	左
&	按位与	10	右
^	按位异或	9	左
|	按位或	8	左
==、!=、>、>=、<、<=	比较运算符	7	左
is、not is	身份运算符	6	左
in、not in	成员运算符	5	左
not	逻辑非	4	右
and	逻辑与	3	左
or	逻辑或	2	左
=	赋值运算符	1	右

【实例 2-12】 运算符优先级。

编写代码如下：

```
a = 1 + 2 * 3
b = 5 - 4/2
print('a = ',a,'b = ',b)
```

运行结果为：

```
=============
a = 7 b = 3.0
```

分析程序：首先定义了变量 a，其值为表达式 1+2 * 3 的结果，因为乘法的优先级高于加法，因此这里先计算乘法，再计算加法，所以最终结果为 1+6=7。

接着我们定义变量 b，其值为表达式 5-4/2 的结果，因为除法的优先级高于减法，因此这里先计算除法，再计算减法，所以最终结果为 5-2=3.0。

小括号改变运算符优先级，通过加上小括号，该代码修改为：

```
a = (1 + 2) * 3
b = (5 - 4)/2
print('a = ',a,'b = ',b)
```

运行结果为：

```
=============
a = 9 b = 0.5
```

分析程序：变量 a 的值为表达式（1+2）*3 的结果，因为小括号的运算符优先级最高，因此这里先计算小括号里的加法，再计算乘法，所以最终结果为 3*3=9。

变量 b 的值为表达式（5-4）/2 的结果，同样因为小括号的运算符优先级最高，因此这里先计算小括号里的减法，再计算除法，所以最终结果为 1/2=0.5。

【实例 2-13】 运算符优先级。

```
>>> 4//3 and 3! = 4 or 4<4 % 4
True
```

根据表中运算符的优先级，我们分析 4//3 and 3! =4 or 4< 4%4 语句的执行结果。程序先执行 4//3 得到结果 1，再执行 3! =4 得到 1。1 and 1 的结果为 1，根据 or 运算的规则，不需要计算 4<4%4，结果就为 True。

需要说明的是：

虽然 Python 运算符存在优先级的关系，但并不推荐过度依赖运算符的优先级，因为这会导致程序的可读性降低。因此，在这里要提醒大家：

不要把一个表达式写得过于复杂，如果一个表达式过于复杂，则把它分成几步来完成，这样可读性太差，应尽量使用"（）"来控制表达式的执行顺序。

2.4 综合案例

本章内容比较多，比较零碎，只有在实际使用中，才能真正掌握和理解，因此，本小节通过一个个具体的案例来深入认识本章的知识点。

【案例 2-1】 求三角形的面积,已知三角形三边长度分别为 x,y,z,其半周长为 q,根据海伦公式计算三角形面积 S。三角形半周长和三角形面积公式分别如下所示:

> 三角形半周长 q = (x + y + z)/2
> 三角形面积 S = (q * (q - x) * (q - y) * (q - z)) * * 0.5

本案例要求编写程序,实现接收用户输入的三角形边长,计算三角形面积的功能,结果保留 1 位小数。

要求分 3 行输入数据,第一行输入第一边长。第二行输入第二边长。第三行输入第三边长。

分析:通过 input 函数输入 3 个边长,存放在 3 个变量中,要注意将输入的值转化为 float 型,根据题目给出的公式分别计算出半周长和面积,然后按格式要求输出。

程序代码的实现:

```
one_len = float(input())
two_len = float(input())
three_len = float(input())
#计算半周长
c = (one_len + two_len + three_len) / 2
#计算面积
s = (c * (c - one_len) * (c - two_len) * (c - three_len)) ** 0.5
print('三角形面积为:%0.1f'% s)
```

运行结果如图 2-5 所示。

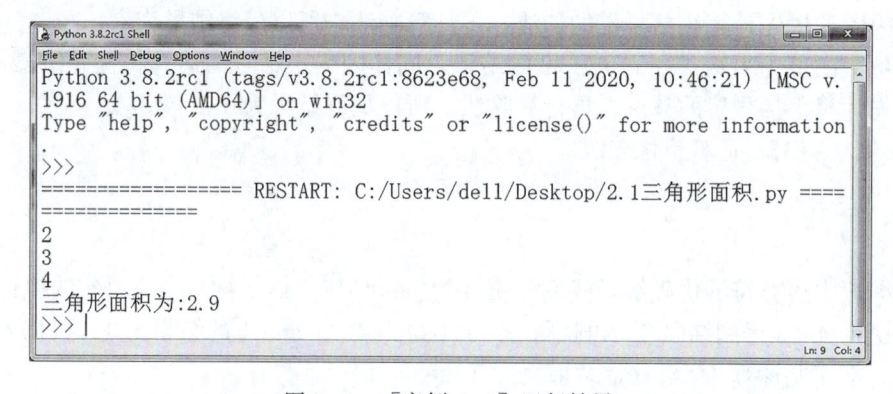

图 2-5 [案例 2-1] 运行结果

【案例 2-2】 输入一个四位数,分离各位数字。

分析:想要从四位数中分离出各位数字,有很多种不同的方法,这里我们使用算术运算来实现。首先求出千位数,用这个四位数对 1000 取整除即可,返回的是四位数除以 1000 后的整数部分,即千位数,存放在变量 a 中。百位数就可以利用取得的千位数来计算了。用原来的四位数减去千位数乘以 1000,得到的就是四位数中的后三位,用这个数对 100 取整除就可以得到百位数了,存放在变量 b 中。十位数也是同样的道理,四位数减去千位数×1000 再减去百位数乘以 100,得到的就是四位数中的后两位,用这个数对

10取整除就可以得到十位数了,个位数可以直接用四位数对10取余即可。按照这个思路,编写如下代码。

程序代码的实现:

```
n = int(input())
a = n//1000
b = (n - a * 1000)//100
c = (n - a * 1000 - b * 100)//10
d = n % 10
print('千位数上的数字:',a,end = '\n')
print('百位数上的数字:',b)
print('十位数上的数字:',c)
print('个位数上的数字:',d,end = '\n')
```

运行结果如图2-6所示。

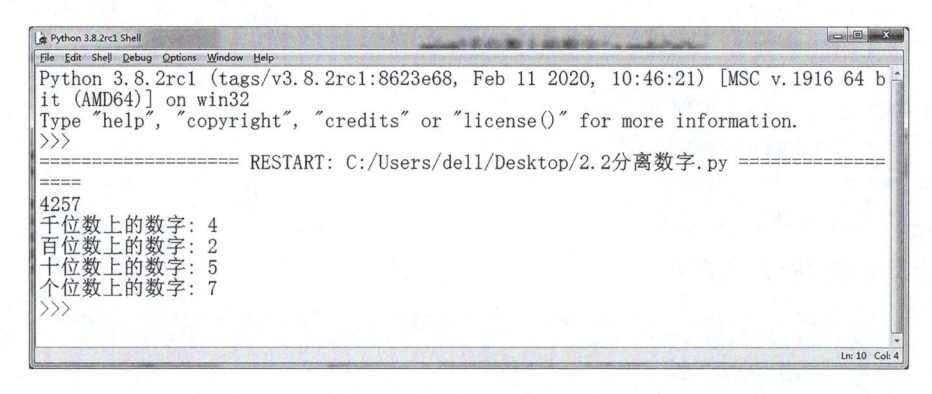

图2-6 [案例2-2]运行结果

【案例2-3】 输入一个三位数,反序输出。

分析:该例子与上例中类似,首先应分离中三位数中的每一位,然后再组成一个新的数字,进行输出。分离的方法也是采用算术运算,百位数的分离略有不同,是将这个三位数先对100取余,得到后两位,再对10取整除,就可以得到十位数了。要注意,最后要将这三个数字重新组合成一个三位数,就是将原来的个位数乘以100加上十位数乘以10加上百位数,这就是反序输出了。根据这个思路,编写代码如下。

程序代码的实现:

```
n = int(input())
a = n//100
b = n % 100//10
c = n % 10
m = c * 100 + b * 10 + a
print(m)
```

运行结果如图2-7所示。

【案例2-4】 健康指数BMI,BMI指数即身体质量指数,是目前国际常用的衡量人

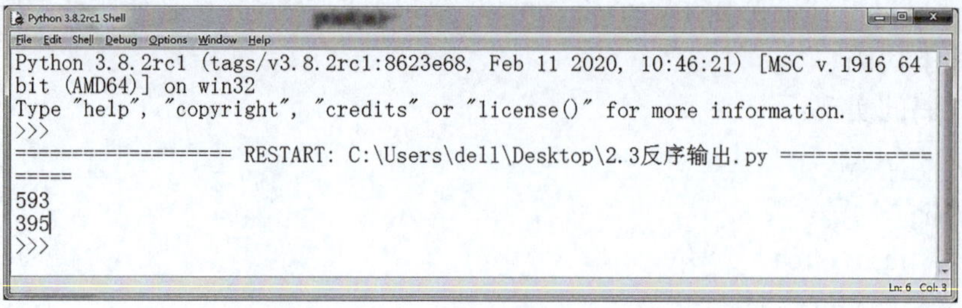

图 2-7　[案例 2-3] 运行结果

体胖瘦程度以及是否健康的一个标准。BMI 指数计算公式如下：

体质指数（BMI）＝体重（kg）/身高^2（m）

本题要求编写程序，实现根据输入的身高体重计算 BMI 值的功能。

分析：输入体重和身高的值放在两个变量中，要将 input 输入字符类型转换为浮点型，并将 BMI 指数数学公式写成 Python 正确的表示式。根据这个思路，编写代码如下。

程序代码的实现：

```
height = float(input("请输入您的身高(m):"))
weight = float(input("请输入您的体重(kg):"))
BMI = weight/(height * height)
print("您的 BMI 值为:",BMI)
```

运行结果如图 2-8 所示。

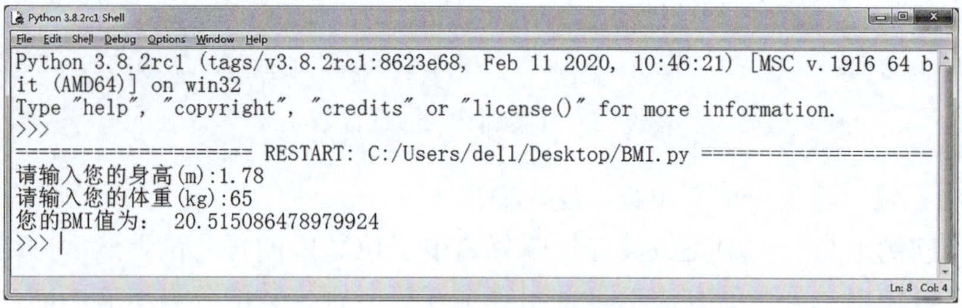

图 2-8　[案例 2-4] 运行结果

第3章 Python流程控制

流程控制是指在程序运行时，对指令运行顺序的控制。通常，程序流程结构分为3种：顺序结构、分支结构和循环结构。顺序结构是程序中最常见的流程结构，按照程序中语句的先后顺序，自上而下依次执行，称为顺序结构；分支结构则根据 if 条件的真假（True 或者 False）来决定要执行的代码；循环结构则是重复执行相同的代码，直到整个循环完成或者使用 break 强制跳出循环。

程序流程图用一系列图形、流程线和文字说明描述程序的基本操作和控制流程，它是程序分析和过程描述的最基本方式，是一种传统的算法表示方法，也称为流程图。俗话说千言万语不如一张图。流程图有它自己的规范，按照这样的规范所画出的流程图，便于技术人员之间的交流，也是软件项目开发所必备的基本组成部分，因此画流程图也应是开发者的基本功。

流程图的基本元素包括 7 种，如图 3-1 所示。应用这些基本元素，可以画出程序流程图。图 3-2 所示为由连接点 A 连接的一个程序的流程图。

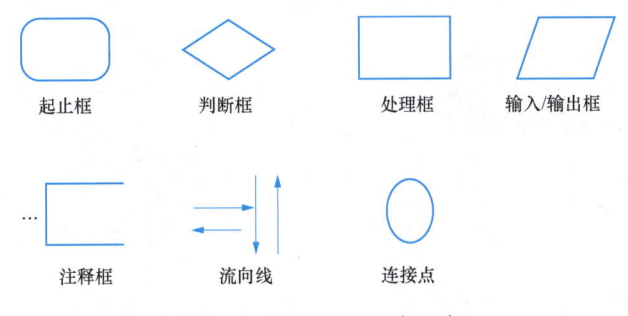

图 3-1 流程图的基本元素

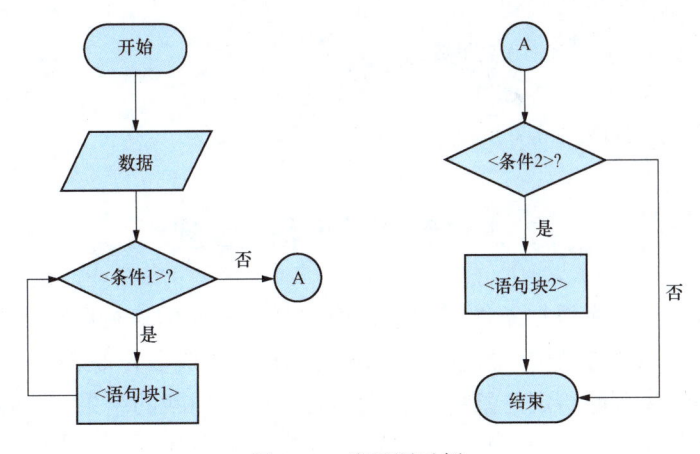

图 3-2 流程图示例

3.1　顺序流程控制

顺序流程是程序按照线性顺序依次执行的一种运行方式，其中语句块1和语句块2表示一个或一组顺序执行的语句。顺序流程图如图3-3所示。

顺序流程图较为简单，这里通过海洋公里转化为海里为例，说明顺序流程。

在陆地上可以使用参照物确定两点间的距离，使用厘米、米、公里等作为计量单位，而海上缺少参照物，人们将赤道上经度的一分对应的距离记为一海里，使用海里作为海上计量单位。公里与海里可以通过以下公式换算：海里＝公里/1.852，要求编写程序，实现将海洋公里转化为海里。

根据题目可以画出流程图，如图3-4所示。

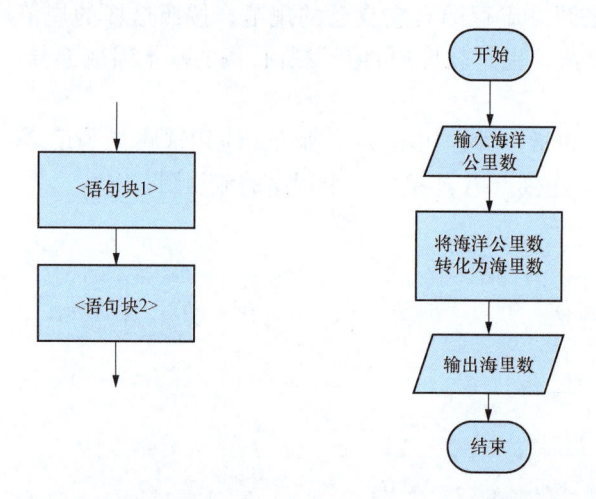

图3-3　顺序流程图　　图3-4　海里数转换的流程图

根据流程图编写程序代码如下：

```
kilometre = float(input("请输入公里数:"))
nautical_mile = (kilometre/1.852)
print('换算后的海里数为:',nautical_mile,'海里')
```

3.2　条件流程控制

条件流程控制是程序根据条件判断结果而选择不同向前执行路径的一种运行方式，包括单分支结构和双分支结构，由双分支结构可以组合形成多分支结构。

条件语句是用来判断给定的条件是否满足，并根据判断的结果（True或False）决定是否执行或如何执行后续的语句，它使代码的执行顺序有了更多选择，以实现更多的功能。

一般来说，条件表达式是由条件运算符和相应的数据所构成的，在Python中，所有合法的表达式都可以作为条件表达式，不仅局限于关系表达式。条件表达式的值只要不是 False、0、空值（None）、空列表、空集合、空元组、空字符串等，其他均为 True。

3.2.1 单分支结构：if 语句

单分支选择结构是最简单的一种形式，其语法格式如下：
if 条件表达式：
　　语句块

其中，条件表达式可以是逻辑表达式、关系表达式、算术表达式等能够产生 True 或 False 的表达式。语句块可以是一条语句，也可以是多条语句。多条语句，缩进必须对齐一致，才能与 if 所在行形成包含关系。

当条件表达式的结果为 True，则执行语句块里的语句序列，否则语句块里的语句序列会被跳过，继续执行后面的代码。

注意：条件表达式后面的冒号不能少。

单分支选择的控制流程图如图 3-5 所示。

【实例 3-1】 输入两个整数，赋值给变量 a 和 b，如果 a＞b，则将 a 和 b 的值进行交换，最后输出 a 和 b 的值。

根据题目进行分析，满足单分支的条件结构，画出流程图，如图 3-6 所示。

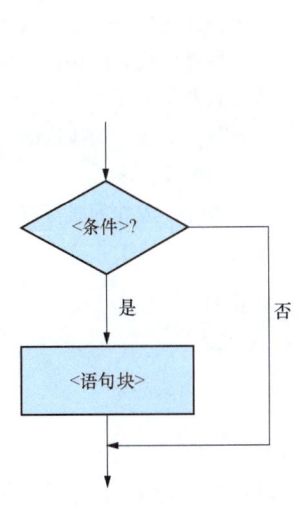

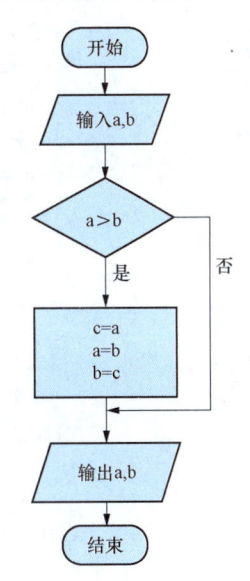

图 3-5　单分支流程图　　　　图 3-6　两数交换的流程图

根据流程图，写出相应的代码：

```
a = int(input())
b = int(input())
if a＞b:
    c = a
    a = b
    b = c
print(a,b)
```

运行结果如下:

```
==============
输入:
6
3
输出:
3 6
```

如果存在多个单分支结构,可以和顺序流程结合起来,继续学习下一个例子。

【实例 3-2】 编程输入体重(kg)和身高(m),计算 BMI 指数,进行判断(如果 BMI 小于 18.5,则为体重过轻,介于 18.5~24 之间为正常,大于等于 24,为超重),输出判断结果。

根据题目画出流程图,如图 3-7 所示。

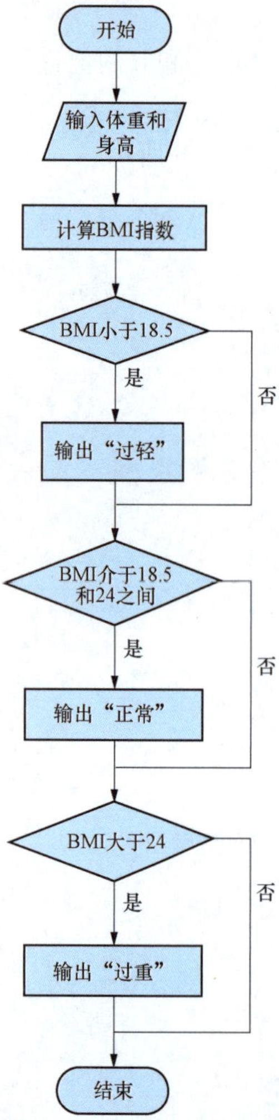

从流程图中,可以看出,一个单分支结构结束后又是一个单分支结构,单分支结构和顺序结构相结合,完成了整个流程。

代码如下:

```
Height = eval(input())        ♯输入身高
Weight = eval(input())        ♯输入体重
BMI = Weight/Height**2         ♯计算 BMI
if BMI<18.5:                   ♯判断条件 1
    print("过轻")              ♯条件 1 成立的执行语句
if 18.5<=BMI<24:               ♯判断条件 2
    print("正常")              ♯条件 2 成立的执行语句
if 24<=BMI:                    ♯判断条件 3
    print("过重")              ♯条件 3 成立的执行语句
```

运行结果如下:

```
==============
输入:
1.72
52
输出:
过轻
输入:
1.5
52
输出:
正常
输入:
1.5
62
输出:
过重
```

图 3-7 BMI 指数判断

3.2.2 双分支结构：if-else 语句

双分支结构，由 if 和 else 两部分组成，其语法如下：
if 条件表达式：
　　语句块 1
else：
　　语句块 2

根据条件表达式的结果选择不同的分支，如果条件表达式的结果是 True，执行语句块 1，否则执行语句块 2，然后继续执行下一条语句。

在双分支结构中，两种情况必须选择其一。

特别注意：
（1）条件表达式和 else 后面的冒号（:）不能少。
（2）语句块 1 和语句块 2 中的语句应保持相同的缩进。

双分支结构的流程图如图 3-8 所示。

【实例 3-3】 还是以 BMI 指数为例。将判断条件和结果稍做改动。如果 BMI 介于 18.5 到 24 之间为正常，否则为不正常。编程输入体重（kg）和身高（m），计算 BMI 指数，进行判断，如果正常，则输出"恭喜！体重正常，请注意保持。"否则输出"注意：体重不正常！请注意控制。"

根据案例，画出流程图，如图 3-9 所示。

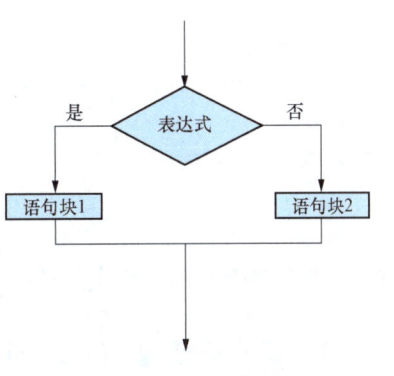

图 3-8 双分支结构流程图

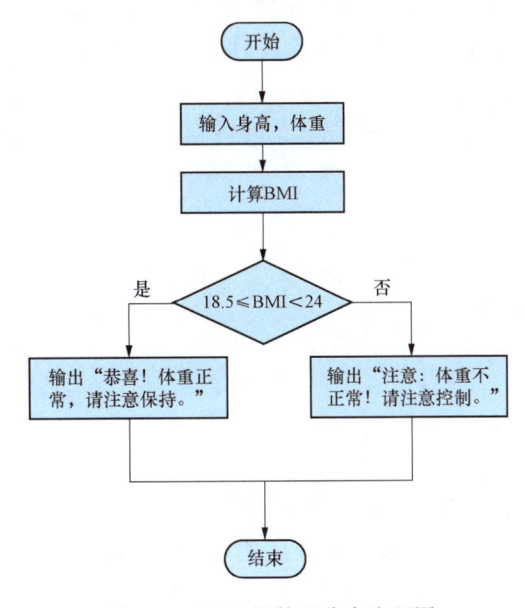

图 3-9 BMI 指数双分支流程图

编写代码如下：

```
Height = float(input())        #输入身高
Weight = float(input())        #输入体重
BMI = Weight/Height**2         #计算 BMI
if 18.5<=BMI<24:               #判断
    print("恭喜！体重正常,请注意保持。")
else:
    print("注意:体重不正常！请注意控制。")
```

运行结果如下：

```
=============
输入：
1.5
50
输出：
恭喜！体重正常,请注意保持。
输入：
1.72
52
输出：
注意:体重不正常！请注意控制。
```

3.2.3 多分支结构：if-elif-else 语句

多分支选择结构由 if、一个或多个 elif 和一个 else 子块组成，else 子块可省略。一个 if 语句可以包含多个 elif 语句，但结尾最多只能有一个 else。多分支选择结构的语法如下：

```
if    条件表达式 1：
      语句块 1
elif  条件表达式 2：
      语句块 2
…
elif  条件表达式 n-1：
      语句块 n-1
else：
      语句块 n
```

多分支结构是双分支结构的扩展，当判断条件为多个值时，可以使用多分支结构。Python 在分析多分支结构时，先从条件表达式 1 开始，如果为 True，则执行语句块 1，整个 if 语句结束，后面的 elif 等都不再执行；否则继续判断条件表示 2 直到条件表达式 n-1，如果为 True，则执行相应的语句块，结束整个 if 语句；如果所有条件都不满足，则执行 else 后面的语句块 n，结束整个 if 语句。

多分支选择结构的流程图如图 3-10 所示。

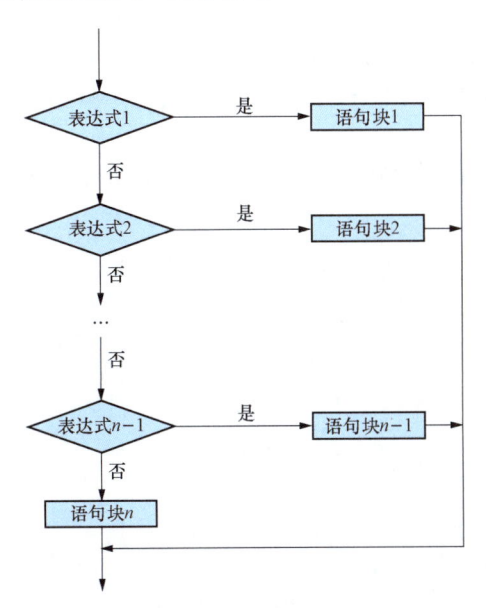

图 3-10 多分支选择结构的流程图

要注意的是，如果每个条件表示式都使用完整的条件表达，每个分支都是独立的、完整的判断，顺序可以随意挪动，而不影响程序运行。但是如果多个条件表达式之间存在逻辑关系，则不能随意颠倒顺序。此外，还要注意控制好不同级别代码块的缩进量。

【实例 3-4】 我国国家卫生健康委员会根据中国人体质给出了国内 BMI 指数的参考值。具体的衡量标准见表 3-1。先输入自己的身高和体重，使用 if 语句的多分支结构来计算 BMI 的值来判断个人的胖瘦情况。

表 3-1　　　　　　　　　　　　中国 BMI 指标分类标准

分类	中国标准
偏瘦	<18.5
正常	18.5～23.9
超重	≥24
偏胖	24～27.9
肥胖	≥28

从表 3-1 中可以看到 BMI 有多个值，偏胖和肥胖都属于超重范畴。编写程序，判断分类，可以采用多分支结构来完成。

代码如下：

```
Height = eval(input())    #输入身高
Weight = eval(input())    #输入体重
BMI = Weight/Height * *2  #计算 BMI
if BMI<18.5:              #判断条件 1
    print("注意！体重偏瘦,加强饮食和锻炼。")    #条件 1 成立的执行语句
```

47

```
elif 18.5<=BMI<24:          #判断条件2
    print("恭喜,体重正常,要保持哦。")        #条件2成立的执行语句
elif 24<=BMI<28:            #判断条件3
    print("注意:您已超重,属于偏胖。")        #条件3成立的执行语句
elif 28<=BMI:
    print("注意:您已超重,属于肥胖。")        #条件4成立的执行语句
```

执行结果如下:

```
=============
输入:
1.5
40
输出:
注意! 体重偏瘦,加强饮食和锻炼。

输入:
1.5
50
输出:
恭喜,体重正常,要保持哦。

输入:
1.5
60
输出:
注意:您已超重,属于偏胖。

输入:
1.5
70
输出:
注意:您已超重,属于肥胖。
```

在本例中,每一个表达式的条件都是完整的,完全独立的,各分支结构可以调整顺序,只要保证条件和语句块对应就可以。读者可以自己尝试一下。但是如果将代码改写,如下:

```
Height = eval(input())    #输入身高
Weight = eval(input())    #输入体重
BMI = Weight/Height**2    #计算BMI
if BMI<18.5:              #判断条件1
    print("注意! 体重偏瘦,加强饮食和锻炼。")    #条件1成立的执行语句
elif BMI<24:              #判断条件2
    print("恭喜,体重正常,要保持哦。")          #条件2成立的执行语句
```

```
elif BMI<28:              #判断条件3
    print("注意:您已超重,属于偏胖。")      #条件3成立的执行语句
elif BMI> = 28:
    print("注意:您已超重,属于肥胖。")      #条件4成立的执行语句
```

将这个代码中的判断条件 2 和判断条件 3 与上一段代码中的判断条件 2 和判断条件 3 相比较,就会发现,这里的判断条件简化了。如果判断条件 1 即 BMI<18.5 不成立,就分析 elif 后面判断条件 2 的内容,也就意味着 elif 已经有一个前提,就是 BMI≥18.5,所以判断条件 2 就可以省略这一点,直接写 BMI<24。这也就是说判断条件 2 和判断条件 1 存在逻辑关系,所以各表达式的次序不能调换,这一点要注意。

3.2.4 选择结构的嵌套

选择结构可以进行嵌套来表达更复杂的逻辑关系。在 if 语句嵌套中,if、if...else、if...elif...else 它们可以进行一次或多次相互嵌套,因此存在多种嵌套的形式,这里举一个例子来说明。

【实例 3-5】 在 BMI≥24 的范畴中,又分为了两种情况,24~27.9 为偏胖,≥28 为肥胖。要求编写程序,判断分类。所以,可以采用一个多分支嵌套一个双分支结构来实现,语法结构如下:

  if 条件表达式 1:
    语句块 1
  elif 条件表达式 2:
    语句块 2
  else:
    if 条件表达式 3:
      语句块 3
    else:
      语句块 4

其流程图如图 3-11 所示。

编写如下代码:

```
Height = eval(input()) #输入身高
Weight = eval(input()) #输入体重
BMI = Weight/Height * * 2 #计算 BMI
if BMI<18.5:          #判断条件1
    print("注意! 体重偏瘦,加强饮食和锻炼。")     #条件1成立的执行语句
elif BMI<24:          #判断条件2
    print("恭喜,体重正常,要保持哦。")     #条件2成立的执行语句
else:
    print("注意:您已超重!")
    if BMI<28:        #判断条件3
        print("属于偏胖。")     #条件3成立的执行语句
```

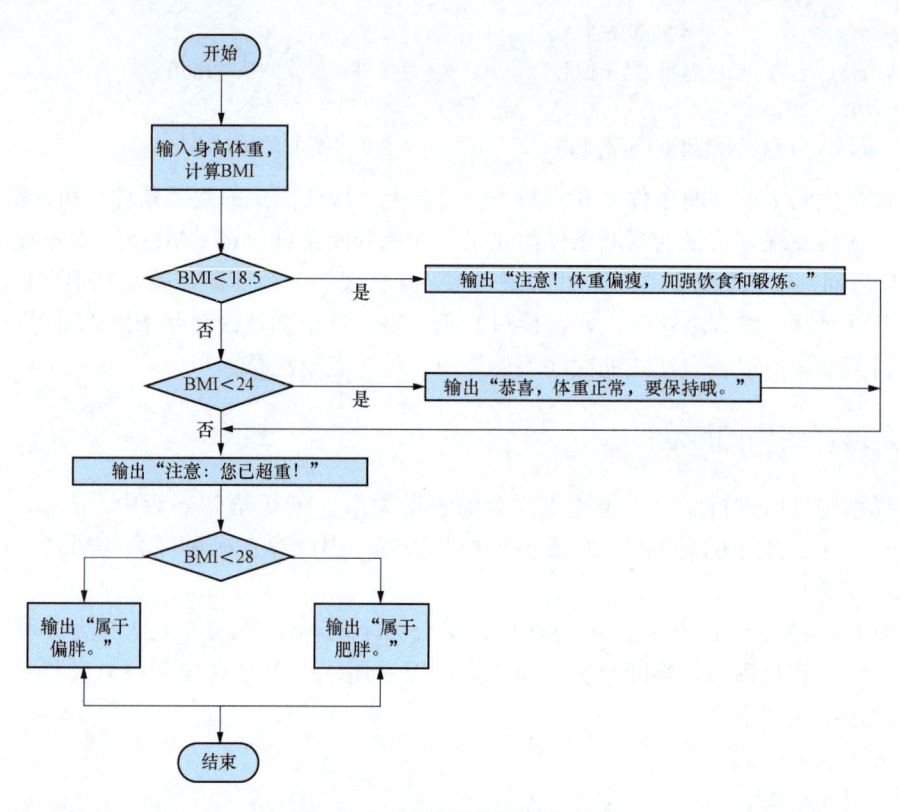

图 3-11 BMI 指数嵌套流程图

```
        else:
            print("属于肥胖。")    #条件4成立的执行语句
```

运行结果如下：

```
==============
输入：
1.5
60
输出：
注意:您已超重!
属于偏胖。
```

特别提醒，使用选择结构嵌套时，一定要控制好不同级别的代码块的缩进，否则就不能被 Python 正确理解和执行。

3.3 循环流程控制

循环，是生活中常见的，比如每天都要吃饭、睡觉等，这就是典型的循环。循环结构是指在程序中需要反复执行某个功能而设置的一种程序结构。

循环流程控制是程序根据条件判断结果后反复执行的一种运行方式，根据循环体触发条件不同,包括遍历循环和条件循环结构。遍历循环结构,通常用来遍历结构中的元素,循环次数就是元素个数。而条件循环结构指程序不确定循环体可能的执行次数,而通过条件判断是否继续执行循环体。

Python 提供 for 和 while 两种循环语句。for 语句,主要用于遍历循环结构。while 语句,提供了编写通用循环的方法,不确定循环次数,主要用于条件循环结构。

条件循环和遍历循环的流程图如图 3-12 所示。

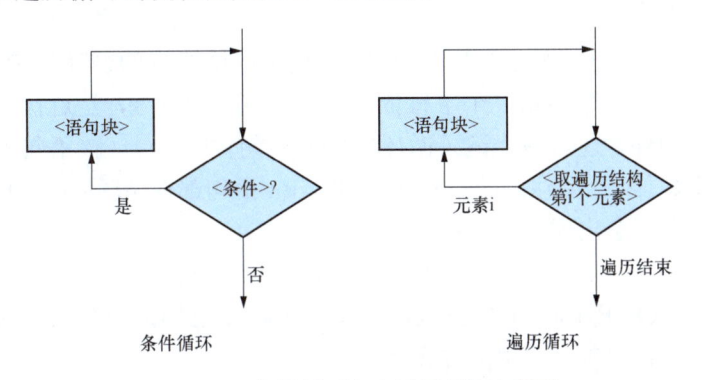

图 3-12 条件循环和遍历循环的流程图

3.3.1 遍历循环:for 语句

遍历循环通过 for 语句来实现。for 语句的循环结构如下:
for 循环变量 in 遍历结构:
　　循环体(语句块 1)
else:
　　语句块 2

for 语句执行时,依次将遍历结构中的值赋给循环变量,循环变量每赋值一次,则执行一次循环体(即语句块 1)。循环执行结束时,如果有 else 部分,则执行对应的语句块 2。else 只有在循环正常结束时执行。如果使用 break 跳出循环,则不会执行 else 部分,且根据实际编程需求,else 部分可以省略。

注意:for 和 else 后面的冒号不能缺失,且循环体语句块要严格缩进对齐,否则程序会出错。

遍历结构可以是字符串、文件、组合数据或 range() 函数,这里通过实例来介绍字符串和 range() 函数两种方式。

【实例 3-6】 在字符串"Python"中遍历。

编写代码如下:

```
i = 1;
for s in' Python':
    print("第",i,"次循环,字母为:",s)
    i += 1    #循环次数加 1
```

运行结果如下:

```
============
第 1 次循环,字母为： P
第 2 次循环,字母为： y
第 3 次循环,字母为： t
第 4 次循环,字母为： h
第 5 次循环,字母为： o
第 6 次循环,字母为： n
```

分析该代码，i 为记录循环次数的变量，s 是遍历结构中的循环变量，for 语句执行时，将字符串"Python"中每一个字符依次赋值给循环变量 s，然后执行循环体，循环体中除了输出语句外，还有一个记录循环次数的语句，i+＝1，该语句每执行一次循环体，就将循环次数加 1。要注意的是 i+＝1 和 print 语句都在循环体中，所有应保持相同的缩进对齐，否则，会出现错误的结果。

再介绍 range（）函数，然后举例说明 range（）函数在循环中的使用。

range（）函数是 Python 的内置函数，在 Python2 返回的是列表，而在 Python3 中返回的是一个可迭代对象（类型是对象）。

其语法为 range（start，stop［，step］）。

其中参数：

start：计数从 start 开始。如省略，默认是从 0 开始。例如 range（5）等价于 range（0，5）；

stop：计数到 stop 结束，但不包括 stop。例如：range（0，5）是［0，1，2，3，4］没有 5。

step：步长，默认为 1，可以为负数。例如：range（0，5）等价于 range（0，5，1）。

注意 range（）函数生成的数据范围是左到右不到，有点像数学函数中的半开半闭，即左闭右开。

下面结合 for 循环，通过几个实例来说明 for 语句和 range（）函数的用法。

【实例 3-7】 for 语句和 range（）函数使用 1。

```
for num in range(5):
    print(num)
```

输出结果为：

```
============
0
1
2
3
4
```

【实例 3-8】 for 语句和 range() 函数使用 2。

```
for num in range(1,5):
    print(num)
```

输出结果为：

```
============
1
2
3
4
```

【实例 3-9】 for 语句和 range() 函数使用 3。

```
for num in range(1,5,2):
    print(num)
```

输出结果为：

```
============
1
3
```

【实例 3-10】 for 语句和 range() 函数使用 4。

```
for num in range(5,1,-2):
    print(num)
```

输出结果为：

```
============
5
3
```

需要注意的是，如果 step 为负数，那么就从结束值倒序生成序列，则开始值 start 必须大于结束值 stop。

【实例 3-11】 求 1—100 的累加和。

```
sum = 0
for i in range(1,101):
    sum += i
print (sum)
```

输出结果为：

```
============
5050
```

程序分析：在这个实例中，要求从 1 一直加到 100，也就是说 100 也必须加上，那么 range 函数中的结束值 stop 为 101，因为计数到 stop 结束，但不包括 stop。

3.3.2 条件循环：while 语句

有些程序在执行前不能确定循环次数，只能一直保持循环操作直到特定循环条件不被满足才结束，这就是条件循环，也叫无限循环。

条件循环通过 while 语句来实现,其语法结构如下:
while 条件表达式:
  循环体(语句块 1)
else:
  语句块 2

while 语句执行时,先判断条件表示的结果,如果为 True,则反复执行循环体,即语句块 1。直到条件表达式的结果为 False,执行语句块 2。同样,else 只有在循环正常结束时执行。如果使用 break 跳出循环,则不会执行 else 部分,且根据实际编程需求,else 部分可以省略。

【实例 3 - 12】 前面 1~100 累加的例子,用 while 语句实现。
代码如下:

```
sum = 0
i = 1
while i< = 100:
    sum + = i
    i + = 1
print(sum)
```

运行结果为:

```
=============
5050
```

程序分析:在 while 循环中,使用了循环变量 i,通过 i+=1 实现每循环一次,i+1,所用的循环条件为 i≤=100,所以 i 的值从 1 一直到 100。在每一次循环中,通过 sum+=i,将每一个 i 加入到 sum 中,sum 就是所求的 1~100 的累加值。

需要注意的是,使用 while 循环时,一定要在循环体中有相应的语句改变循环变量,让循环条件趋于结束,否则容易造成死循环。此例中,i+=1 就是这样的语句,让 i 逐渐增大,一直到大于 100,不满足循环条件,就能结束循环。

3.3.3 循环嵌套

循环嵌套是指在循环里有一个或多个循环语句,循环里面再嵌套一重循环的叫双重循环,嵌套两层以上的叫多重循环。

循环嵌套有多种形式,for 循环中可以嵌套 for 或者 while,while 循环中也可以嵌套 for 或者 while。形式如下:

1. for 循环嵌套 for 循环
for 循环变量 in 遍历结构:
  for 循环变量 in 遍历结构:
    循环体(语句块 1)
  else:
    语句块 2

else：
　　　　语句块 3
2. for 循环嵌套 while 循环
for 循环变量 in 遍历结构：
　　while 条件表达式：
　　　　循环体（语句块 1）
　　else：
　　　　语句块 2
else：
　　语句块 3
3. while 循环嵌套 for 循环
while 条件表达式：
　　for 循环变量 in 遍历结构：
　　　　循环体（语句块 1）
　　else：
　　　　语句块 2
else：
　　语句块 3
4. while 循环嵌套 while 循环
while 条件表达式 1：
　　while 条件表达式 2：
　　　　循环体（语句块 1）
　　else：
　　　　语句块 2
else：
　　语句块 3

下面通过实例来说明循环嵌套的用法。

使用循环嵌套打印出九九乘法表。我们使用 4 种形式分别写出相应的代码，如下：

（1）for 循环嵌套 for 循环。

```
for i in range(1,10)：
    for j in range(1,i+1)：
        print('%d*%d=%2d'%(j,i,j*i),end=" ")
    print()
```

（2）for 循环嵌套 while 循环。

```
for i in range(1,10)：
    j=1
    while j<=i：
        print('%d*%d=%2d'%(j,i,j*i),end=" ")
        j+=1
```

        print()

(3) while 循环嵌套 for 循环。

```
i = 1
while i<10:
    for j in range(1,i+1):
        print('%d* %d = %2d'%(j,i,j*i),end=" ")
    i = 1 + i
    print()
```

(4) while 循环嵌套 while 循环。

```
i = 1
while i<10:
    j = 1
    while j<= i:
        print('%d* %d = %2d'%(j,i,j*i),end=" ")
        j+ = 1
    i = 1 + i
    print()
```

以上 4 个循环，输出结果都一样，如图 3-13 所示。

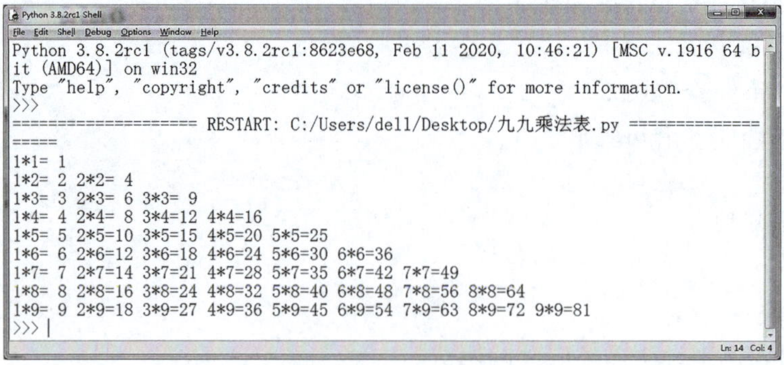

图 3-13　九九乘法表

3.3.4　循环保留字：break 和 continue

循环结构有两个辅助保留字：break 和 continue，它们用来辅助控制循环执行。break 用来跳出当前 for 或 while 循环，continue 用来结束当次循环，即跳出循环体中下面尚未执行的语句，但不跳出当前循环。

通过流程图来认识两者的不同，如图 3-14 所示。

从图中可以看出，continue 语句和 break 语句的区别如下。

(1) continue 语句只结束本次循环，而不终止整个循环的执行，还会继续判断循环的条件是否成立，只要条件满足，就会执行循环体。

(2) break 语句则是结束整个循环过程，不再判断执行循环的条件是否成立。

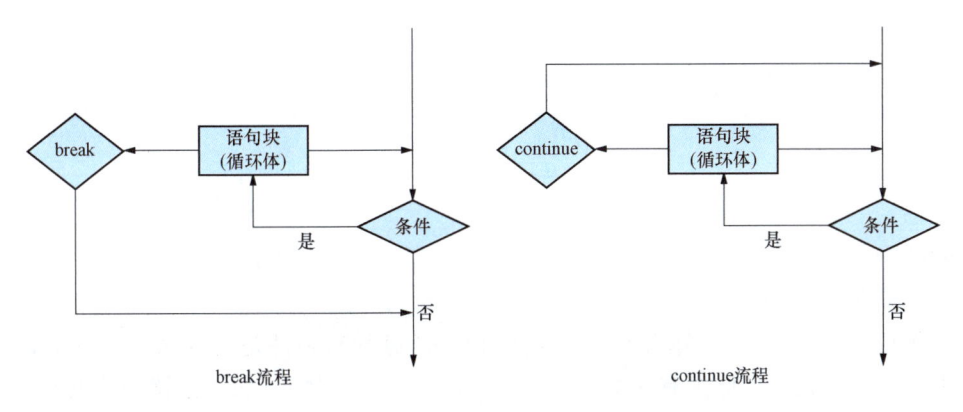

图 3-14 break 和 continue 流程比较图

再通过例题认识一下这两个保留字的区别。

【实例 3-13】 使用 for 循环遍历 1~10。当 i 等于 5 时，执行 break 语句和 continue 语句，看结果有何不同。代码如下：

```
for i in range(1,11):
    if i == 5:
        break
    print(i,end=" ")
print("\nbreak 语句中 i 结束时的值为:",i)
for i in range(1,11):
    if i == 5:
        continue
    print(i,end=" ")
print("\ncontinue 语句中 i 结束时的值为:",i)
```

执行结果为：

```
==============
1 2 3 4
break 语句中 i 结束时的值为: 5
1 2 3 4 6 7 8 9 10
continue 语句中 i 结束时的值为: 10
```

分析程序可以看到，当 i 等于 5，执行 break 语句时，结束整个循环，不会继续遍历，i 的值停留在 5。而当 i 等于 5，执行 continue 语句时，结束本次循环，所有没有执行下面的 print 语句，没有输出 5，但是继续遍历，后面的 6~10 都没有受到影响，都能够正常输出，直到遍历结束，退出循环。

此外，for 循环和 while 循环中都存在一个 else 扩展用法。else 中的语句块只在一种条件下执行，即循环正常结束，没有因为 break 而退出。continue 保留字对 else 没有影响。

例如循环条件为 True，当 i 等于 7 的时候强制跳出循环。

```
i = 1
while True:
    if i == 7:
        break
    print(i,end = ' ')
    i + = 1
else:
    print('yes')
```

分析程序：while 的条件为 True，可以知道通过判断条件是无法结束循环的，只能是死循环。但是在循环体中有一个 break，只要 i 等于 7，就 break，也就是结束循环，同时还有一个改变 i 的语句，i+=1，这样 i 从 1 加到 7，就可以结束循环了。

运行结果为：

```
=============
1 2 3 4 5 6
```

可以看出，else 后面的 print 语句没有执行，因为 else 语句的执行必须要从循环条件结束循环，而这里是通过 break 结束循环，所以不执行 else。

【实例 3-14】 在上面的例题中做一个小小的改动，比较 break 和 continue 对 else 的影响。编写代码如下：

```
for i in range(1,11):
    if i == 5:
        break
    print(i,end = " ")
else:
    print("\nbreak 一切正常!")
print("\nbreak 语句中 i 结束时的值为:",i)

for i in range(1,11):
    if i == 5:
        continue
    print(i,end = " ")
else:
    print("\ncontinue 一切正常!")
print("continue 语句中 i 结束时的值为:",i)
```

运行结果为：

```
=============
1 2 3 4
break 语句中 i 结束时的值为: 5
1 2 3 4 6 7 8 9 10
continue 一切正常!
continue 语句中 i 结束时的值为: 10
```

分析运行结果可以看出，含有 break 语句的 for 循环中 else 语句没有运行，因为这个循环是通过 break 语句结束的，并没有遍历所有的元素，而含有 continue 语句的 for 循环中 else 语句正常执行，没有受到 continue 语句的影响。

3.4 综 合 案 例

通过本章学习，大家对 Python 中的流程控制结构已经有了初步的认知。特别是分支结构和循环结构，能够理解它们的语法，读懂相应的程序。但是遇到实际问题该如何解决，自己编写代码的时候又无从下手，这些问题都是初学者常见的问题。主要原因是编程之旅才刚刚开始，程序看得少，自己编得少，只有多读别人编写的程序，多进行编程练习，长此以往，通过量变实现质的飞跃。那时就能根据实际要求写出代码了。

本节通过几个综合案例来加深对流程控制语句的理解，解决一些实际问题。

【案例 3-1】 编程实现个税的计算（起征点为 5000 元）：输入个人的收入，计算应缴纳个税金额（保留两位小数），不要使用速扣数。个人所得税税率见表 3-2。

表 3-2 个人所得税税率

级数	应纳税所得额	税率（％）
1	不超过 3000 元的	3
2	超过 3000 元至 12000 元的部分	10
3	超过 12000 元至 25000 元的部分	20
4	超过 25000 元至 35000 元的部分	25
5	超过 35000 元至 55000 元的部分	30
6	超过 55000 元至 80000 元的部分	35
7	超过 80000 元的部分	45

分析：本例中要注意，程序中要求输入的是个人收入，但是个人所得税税率表中显示的是应纳税所得额部分，而不是个人收入，应纳税所得额是个人收入减去起征点 5000 之后计算出来的。该程序就是首先通过比较应纳税所得额的范围，得出不同的税率，然后再计算应缴纳的个税金额。要注意的是：个人所得税为累进制，计算应缴纳的个税金额要注意不同档次的税率不一样，需要分开计算，可以通过 if 的多分支结构来实现。如收入为 20000 元，则应纳税所得额为 20000－5000＝15000 元，其中 3000 元按照 3％的税率计算所得税，3000 元 12000 元－3000 元的部分，共计 9000 元按照 10％的税率计算所得税，12000 元－15000 元的部分，共计 3000 元按照 20％的税率计算所得税，然后再将这几部分的个人所税加总求和，得出应缴纳的个人所得税金额。如果月收入不到 5000，就不需要缴纳个人所得税。

程序代码的实现：

```
income = float(input())
a = income - 5000
if a<= 0:
```

59

```
        tax = 0
elif 0<a<=3000:
        tax = a * 0.03
elif 3000<a<=12000:
        tax = 3000 * 0.03 + (a - 3000) * 0.1
elif 12000<a<=25000:
        tax = 3000 * 0.03 + 9000 * 0.1 + (a - 12000) * 0.2
elif 25000<a<=35000:
        tax = 3000 * 0.03 + 9000 * 0.1 + 13000 * 0.2 + (a - 25000) * 0.25
elif 35000<a<=55000:
        tax = 3000 * 0.03 + 9000 * 0.1 + 13000 * 0.2 + 10000 * 0.25 + (a - 35000) * 0.3
elif 55000<a<=80000:
        tax = 3000 * 0.03 + 9000 * 0.1 + 13000 * 0.2 + 10000 * 0.25 + 20000 * 0.3 + (a - 55000) * 0.35
else:
        tax = 3000 * 0.03 + 9000 * 0.1 + 13000 * 0.2 + 10000 * 0.25 + 20000 * 0.3 + 25000 * 0.35 + (a - 80000) * 0.45
print('您所交的个税是:%0.2f'% tax)
```

运行结果如图3-15所示。

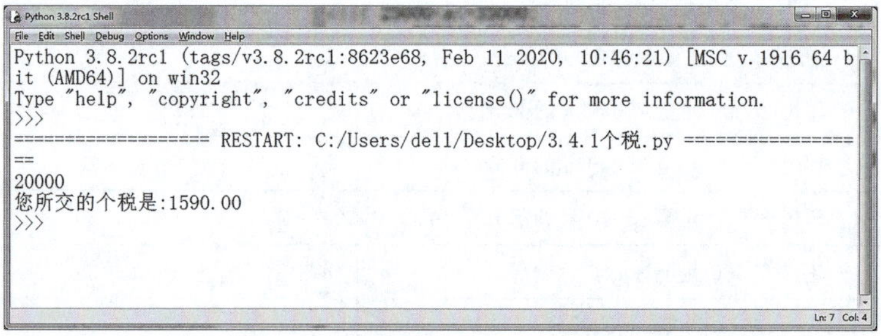

图3-15　[案例3-1] 运行结果

【案例3-2】　一个富翁试图与陌生人做一笔换钱生意，换钱规则为：陌生人每天给富翁10万元钱，直到满一个月（30天）；而富翁第一天给陌生人1分钱，第2天给2分钱，第3天给4分钱，……，富翁每天给穷人的钱是前一天的两倍，直到满一个月。分别显示富翁给陌生人的钱和陌生人给富翁的钱各是多少？谁赚了？

分析：该案例中，每天换钱的规则是一样的，很明显可以通过循环来解决。m记录的是富翁每天给陌生人的钱数，所以在循环中，m需要乘以2。sum1记录了富翁给陌生人的总钱数，每天加上m即可。而sum2记录了陌生人给富翁的总钱数，而陌生人给富翁的钱每天都是一样的，所以，每天加上100000元即可。

程序代码的实现：

```
m = 0.01
sum1 = 0
sum2 = 0
for i in range(0,30):
```

```
        sum1 += m
        m *= 2
        sum2 + = 100000
print('富翁给陌生人的钱:第 30 天为%d元,总共为%.2f 元'%(m/2,sum1))
print('陌生人给富翁的钱:第 30 天为 10 万元,总共为%.2f 元'%(sum2))
if sum1>sum2:
    print("陌生人赚了")
else:
    print("富翁赚了")
```

运行结果如图 3-16 所示。

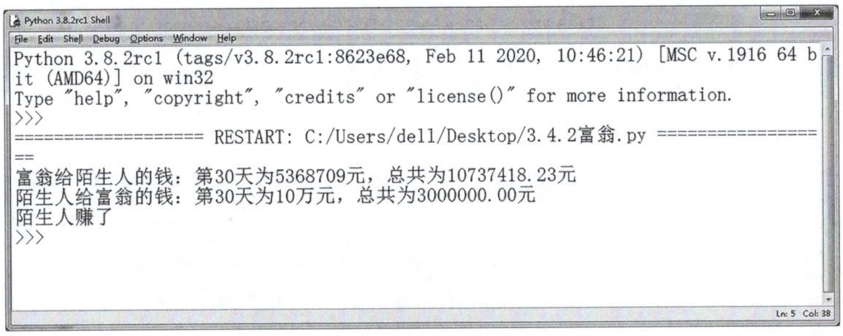

图 3-16　[案例 3-2] 运行结果

【案例 3-3】　一小球从 100 米高度自由落下,每次落地后反弹回原高度的一半;再落下,求它在第 10 次落地时,共经过多少米？第 10 次反弹多高？

分析：小球每一次落地后反弹都是原高度的一半,很明显,也是通过循环来解决。但要注意初始值的设置。

程序代码的实现：

```
s =100
h0 =100
h1 =50
for i in range(1,11):
    s =s + 2 * h1
    h1 =h0/2
    h0 =h1
print("小球第%d次落地经过了%.2f 米,第%d次反弹的高度%.2f 米"%(i,s-100,i,h1))
```

运行结果如图 3-17 所示。

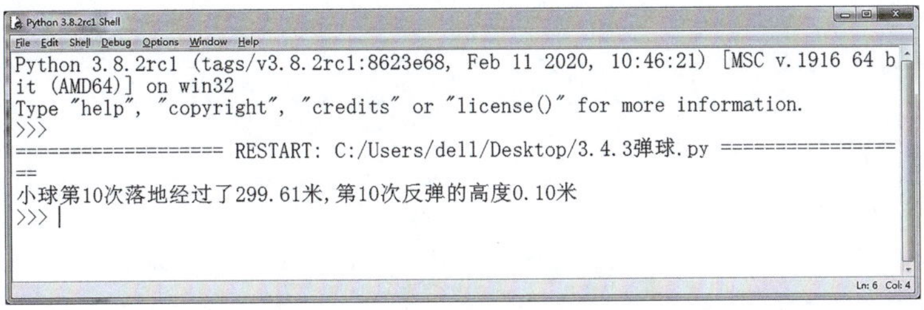

图 3-17　[案例 3-3] 运行结果

【案例 3-4】 输入一个数，输出阶乘之和，输入数据大于 2 小于 30。

分析：求一个数的阶乘要理解连乘的含义即 s1＝s1＊n，求和就是累加即 s＝s＋s1，连乘和累加运算都要和循环语句配合在一起使用。

程序代码的实现：

```
m = int(input())
s = 0
for i in range(1,m+1):
    s1 = 1
    for n in range(1,i+1):
        s1 = s1 * n
    s = s + s1
print('1! +2! +……+'+ str(m) +'!'+'='+ str(s))
```

运行结果如图 3-18 所示。

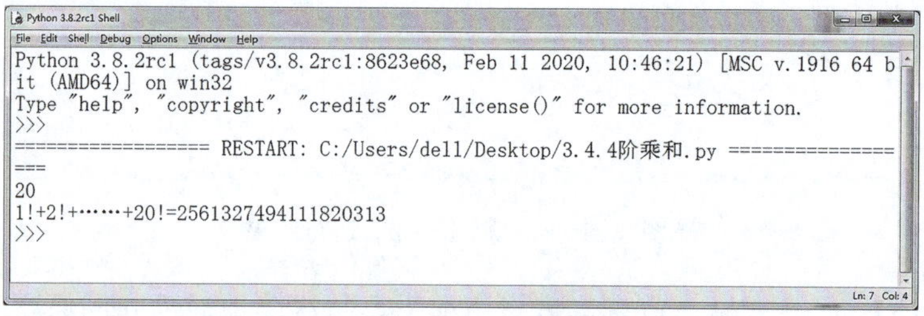

图 3-18 ［案例 3-4］运行结果

【案例 3-5】 输出 100～999 之间的所有素数。每行输出 5 个素数，如图 3-19 所示。

分析：判断一个数是否是素数的算法是枚举法对于待判断的数 n（n＞1），可以尝试从 2 开始到 n－1 的所有整数去和 n 相除，看是否存在一个数能够和 n 相除，余数为零。如果存在这样的数，则 n 不是素数；如果不存在，则 n 是素数。每输出 5 个换行，用一个变量记住输出素数的个数累加 m＝m＋1，如果这个变量能够被 5 整除，就换行 print()。

图 3-19 素数的显示形式

程序代码的实现：

```
m = 0
for i in range(100,1000):
    for n in range(2,i):
        if i%n == 0:
            break
    if n == i-1:
        print(i,end='')
        m = m + 1
        if m%5 == 0:
            print()
```

运行结果如图 3-20 所示。

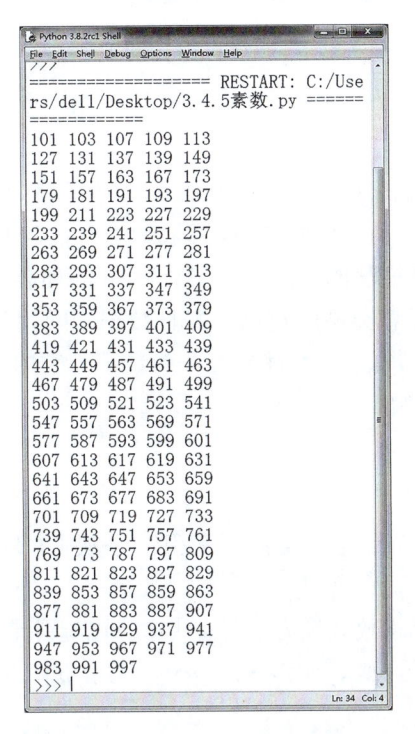

```
========== RESTART: C:/Users/dell/Desktop/3.4.5素数.py ==========
101 103 107 109 113
127 131 137 139 149
151 157 163 167 173
179 181 191 193 197
199 211 223 227 229
233 239 241 251 257
263 269 271 277 281
283 293 307 311 313
317 331 337 347 349
353 359 367 373 379
383 389 397 401 409
419 421 431 433 439
443 449 457 461 463
467 479 487 491 499
503 509 521 523 541
547 557 563 569 571
577 587 593 599 601
607 613 617 619 631
641 643 647 653 659
661 673 677 683 691
701 709 719 727 733
739 743 751 757 761
769 773 787 797 809
811 821 823 827 829
839 853 857 859 863
877 881 883 887 907
911 919 929 937 941
947 953 967 971 977
983 991 997
>>>
```

图 3-20 [案例 3-5] 运行结果

第4章 Python组合数据类型

4.1 列　　表

列表（Lists）属于 Python 中的序列类型，它是任意对象的有序集合，通过"位置"或者"索引"访问其中的元素，它具有可变对象、可变长度、异构和任意嵌套的特点。同时，Python 列表是一种有序、可变、可重复的数据容器。它可以存储任意类型的数据，并且数据之间用逗号进行隔开，整个列表放在方括号［］中。序列中的每个元素都分配一个数字，它的位置或索引，第一个索引是0，第二个索引是1，依次类推。

4.1.1　创建列表

列表里第一个元素的"位置"或者"索引"是从"0"开始，第二个元素的则是"1"，依次类推。

在创建列表时，列表元素放置在方括号［］中，以逗号来分隔各元素，格式如下：
listname=［元素1，元素2，元素3，……，元素n］，其中，列表的命名与变量的命名规则一样。例如：

```
a_list = [0,1,2,3,4,5]
b_list = ["P", "y", "t", "h", "o", "n"]
c_list = ['I','love', 'Python', 'very', 'much']
```

下面通过代码实现，并输出结果：

```
>>> a_list = [0,1,2,3,4,5]                    #创建列表 a_list
>>> b_list = ["P","y","t","h","o","n"]        #创建列表 b_list
>>> c_list = ['I','love','Python','very','much']   #创建列表 c_list
>>> print(a_list)                              #输出列表 a_list
[0,1,2,3,4,5]
>>> print(b_list)                              #输出列表 b_list
['P','y','t','h','o','n']
>>> print(c_list)                              #输出列表 c_list
['I', 'love','Python','very','much']
```

列表生成式（List comprehension）使用一种类似于数学中集合的方式来创建列表，比较简洁，格式如下：

```
[expression for item in iterable]
```

其中，expression 是一个表达式，item 是可迭代对象中的元素，iterable 是一个可迭代对象。例如，要创建一个包含1到10的平方的列表，可以这样写：

```
d_list = [x * * 2 for x in range(1,11)]
```

下面通过代码实现，并输出结果：

```
>>> d_list = [x * * 2 for x in range(1,11)]      #列表生成式创建列表
>>> print(d_list)                                 #输出列表 d_list
    [1,4,9,16,25,36,49,64,81,100]                 #输出结果
```

注意，列表中允许有不同数据类型的元素，例如：e_list＝[0,"I", 1,"love", 3, "n", 'Python']，但通常建议列表中元素最好使用相同的数据类型。列表可以嵌套使用，例如：f_list＝[a_list, b_list, c_list]。

下面通过代码实现，并输出结果：

```
>>> f_list = [a_list,b_list,c_list]              #创建一个嵌套列表
>>> print(f_list)                                 #输出结果
[[0,1,2,3,4,5],['P', 'y','t','h','o','n'], ['I','love','Python','very', 'much']]
```

4.1.2 使用列表

通过使用"位置"或者"索引"来访问列表中的值，将放在方括号中。特别注意，"位置"或者"索引"是从0开始，如图4-1所示。索引也可以从尾部开始，最后一个索引是-1，倒数第二个索引是-2，依次类推，如图4-2所示。根据图4-1和图4-2，上一节列表示例 a_list 中的第一个，可以写成 a_list[0] 或 a_list[-6]；引用第三个值，可以写成 a_list[2] 或 a_list[-4]。

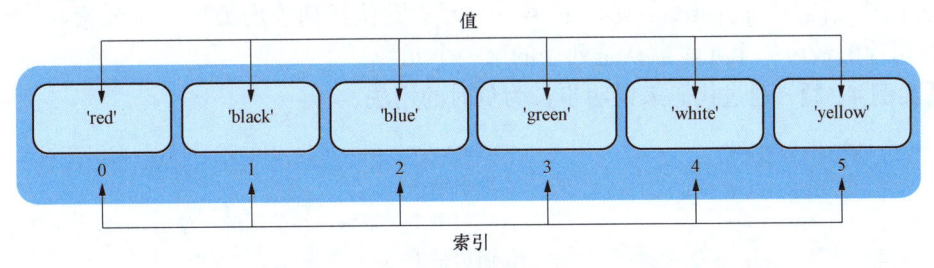

图 4-1 索引从头开始与值的对应关系

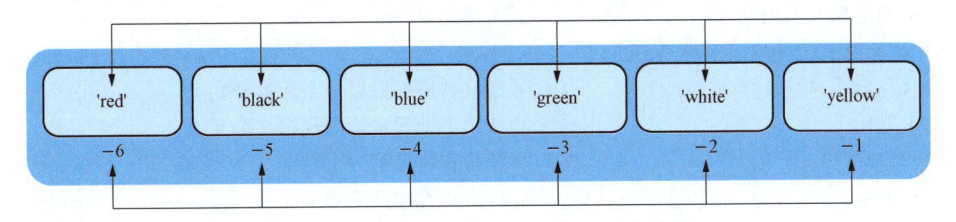

图 4-2 索引从尾部开始与值的对应关系

下面通过代码实现，并输出结果：

```
>>> a_list = [0,1,2,3,4,5]
>>> print(a_list[2])                              #输出从头开始的第三个元素
2                                                  #输出结果
>>> print(a_list[-4])                             #输出从尾开始的第四个元素
2                                                  #输出结果
```

使用列表，还有一个非常重要的切片操作，切片操作可返回新的列表，可在目标列表中截取部分列表，也可实现部分元素增加与删除。列表切片在形式为［start：end：step］，与 range 用法形式上一致。start 为起始，end 为截止，step 为步长。与 range 一样，切片也有省略形式。当 start 位置为 0 时可省略，当 end 为列表长度时可省略，当 step 步长为 1 时可省略，另外，省略步长时，邻近的冒号也可省略。

【实例 4-1】 通过代码来说明切片的用法。

```
>>> a_list=[0,1,2,3,4,5,6,7,8,9]      #创建列表
>>> a_list[3:9:2]                      #切片操作第四个元素到第九个元素,步长为 2
[3,5,7]                                #输出结果
>>> a_list[:8:2]                       #起始位置为 0 省略
[0,2,4,6]                              #输出结果
>>> a_list[1::2]                       #end 为列表长度省略
[1,3,5,7,9]                            #输出结果
>>> a_list[::2]                        #start 为 0,end 为列表长度,都省略
[0,2,4,6,8]                            #输出结果
>>> a_list[3:9]                        #步长为 1 省略
[3,4,5,6,7,8]                          #输出结果
>>> a_list[3:4]                        #输出第四个元素,一定要注意不包含第五个元素
[3]                                    #输出结果
```

当步长为负的时候一定要注意，这个问题一定要多思考，多上机实践和体会。总的原则要记住，［：stop：step］切片的第一个元素默认是列表的最后一个元素，［start：：step］切片的最后一个元素默认是列表的第一个元素。

【实例 4-2】 通过代码来说明步长为负时的用法。

```
>>> a_list[3:9:-2]                     #start 小于 end,步长为负,逻辑错误,输出空列表
[]                                     #输出结果
>>> a_list[9:3:-2]                     #从第十个元素输出往前隔两个输出,不包含第四个元素
[9,7,5]                                #输出结果
>>> a_list[::-1]                       #反序输出列表
[9,8,7,6,5,4,3,2,1,0]                  #输出结果
>>> a_list=[0,1,2,3,4,5,6,7,8,9]
>>> a_list[:4:-1]                      #默认省略是最后一个元素开始
[9,8,7,6,5]                            #从第十个元素输出到第六个元素
>>> a_list[4::-1]                      #默认省略是第一个元素
[4,3,2,1,0]                            #输出结果包括第一个元素
>>> a_list[4:0:-1]
[4,3,2,1]                              #输出结果不包括第一个元素
```

列表的切片操作确实有些麻烦，总结了一首打油诗可以帮助读者理解和体会。"切片不能丢冒号，结束步长可不要；默认索引都加一，左闭右开要记牢。"

4.1.3 更新列表

更新列表在 Python 中就是修改和删除列表元素。在实际开发 Python 时，常常需要

对列表进行更新。

1. 在 Python 中修改单个元素

修改单个元素非常简单，直接对元素赋值即可。使用索引得到列表元素后，通过"="赋值符就改变了元素的值。看看下面的例子：

```
>>> m_list = ['小猫咪','小白兔','小青蛙','小狗狗','大灰狼','小鸟']
>>> m_list[4] = '小灰兔'                    #改变索引号为4元素的值
>>> m_list
['小猫咪','小白兔','小青蛙','小狗狗','小灰兔','小鸟']    #输出结果
```

2. Python 支持通过切片语法给一组元素赋值

在进行这种操作时，如果不指定步长，Python 就不要求新赋值的元素个数与原来的元素个数相同，注意使用切片语法赋值时，Python 不支持单个值，如果指定步长，要求所赋值的新元素的个数与原有元素的个数相同。看看下面的例子：

```
>>> n_list = [0,1,2,3,4,5]
>>> n_list
[0,1,2,3,4,5]
>>> n_list[1:4] = [11,22,33]               #修改了索引号1,2,3的元素的值
>>> n_list
[0,11,22,33,4,5]                           #输出结果

>>> n_list = [0,1,2,3,4,5]
>>> n_list
[0,1,2,3,4,5]
>>> n_list[1:1] = [11,22,33]               #在索引1的位置插入三个元素
>>> n_list
[0,11,22,33,1,2,3,4,5]                     #输出结果
```

3. 删除列表的元素

删除列表的元素可以使用 del 语句，格式为：del listname［索引］，该索引的元素被删除后，后面的元素将会自动移动并填补该位置。在不知道或不关心元素的索引时，可以使用列表内置方法 remove() 来删除指定的值，格式：listname.remove('值')，清空列表，可以采用重新创建一个与原列表名相同的空列表的方法，例如：listname =［］，删除整个列表，也可以使用 del 语句，格式为：del listname。

例如：

```
>>> n_list = [0,1,2,3,4,5]
>>> n_list
[0,1,2,3,4,5]
>>> del n_list[1]                          #删除索引号为1元素的值
>>> n_list
[0,2,3,4,5]

>>> m_list = ['小猫咪','小白兔','小青蛙','小狗狗','大灰狼','小鸟']
```

```
>>> m_list
['小猫咪', '小白兔','小青蛙', '小狗狗','大灰狼','小鸟']
>>> m_list.remove('大灰狼')                    #删除值为大灰狼的元素
>>> m_list
['小猫咪','小白兔','小青蛙','小狗狗','小鸟']

>>> n_list = [0,1,2,3,4,5]
>>> n_list
[0,1,2,3,4,5]
>>> n_list = []                                 #清空列表
>>> n_list
[]


>>> n_list = [0,1,2,3,4,5]
>>> n_list
[0,1,2,3,4,5]
>>> del n_list                                  #删除列表,再输出就报错
>>> n_list
Traceback (most recent call last):
  File "<pyshell#21>", line 1, in <module>
    n_list
NameError: name 'n_list' is not defined
>>>
```

也可以利用切片来删除指定范围内的元素。例如:

```
>>> fruits = ['apple', 'banana','orange', 'peach','grape']
>>> fruits
  ['apple', 'banana', 'orange', 'peach', 'grape']
>>> del fruits[1:3]                             #删除下标为1到3(不包括3)的元素
>>> fruits
  ['apple', 'peach', 'grape']                   #输出结果
```

4.1.4 列表的内置函数

Python 序列的列表是最常用的 Python 数据类型,所以很多时候都在操作列表。那么列表有什么内置函数可以使用,怎么使用这些函数,详见表 4-1。

表 4-1　　　　　　　　　　列表内置函数

函数和方法的作用	函数和方法	说明
修改列表的值	append()	添加新的元素在列表末尾
	insert(index, object)	将元素插入列表
	extend()	追加另一个序列类型中的多个值,到该列表末尾(用新列表扩展原来的列表)
	copy()	复制列表

续表

函数和方法的作用	函数和方法	说明
删除列表元素	pop()	移除列表中的一个元素，并且返回该元素的值
	remove()	移除列表中的第一个匹配某个值的元素
	clear()	清空列表
列表元素整体处理（排序和反转）	sort()	对列表进行排序
	reverse()	对列表进行反转
寻找列表元素	count()	统计该元素在列表中出现的次数
	Index()	从列表中找出某个值第一个匹配元素的索引位置
运算函数	sum()	返回列表和
	max()	返回列表最大值
	min()	返回列表最小值
	len()	返回列表的元素数量

下面通过代码来说明内置函数的使用。

(1) append() 在列表末尾追加新的对象，一次只能添加一个。

```
>>> a=[1,2,3]
>>> a.append(4)
>>> a
[1,2,3,4]
```

(2) insert() 用于将对象插入到列表中，有两个参数，第一个表示需要插入的索引位置；第二个表示插入的对象。

```
>>> a=[1,2,3]
>>> a.insert(0,5)
>>> a
[5,1,2,3]
```

(3) extend() 可以在列表尾部添加另一个列表。

```
>>> a=[1,2,3]
>>> b=[4,5,6]
>>> a.extend(b)
>>> a
[1,2,3,4,5,6]
```

(4) copy() 用于复制列表，返回复制后的新列表。

```
>>> a=[1,2,3]
>>> b=a.copy()
>>> b
[1,2,3]
```

（5）pop（）函数用于移除列表中的一个元素（默认最后一个元素），并且返回该元素的值。

```
>>> a = [1,2,3]
>>> a.pop()
3
>>> a
[1,2]
```

（6）remove（）通过指定元素的值来移除列表某个元素的第一个匹配项，如果这个元素不在列表中会出现一个异常，该方法没有返回值。

```
>>> a = ["one","two","three","four","five"]
>>> a.remove("two")
>>> a
['one','three','four','five']
```

（7）clear（）清空序列。

```
>>> a = ["one","two","three","four","five"]
>>> a.clear()
>>> a
[]
```

（8）sort（）对列表进行排序，没有返回值，语法：list.sort（key＝None，reverse＝False）key：设置排序方法，或指定 list 中用于排序的元素；reverse＝False 即升序排列，默认，可以为空。reverse＝True 即降序排列。

```
>>> a = [1,3,2,4,5]
>>> a.sort(reverse = False)    #也可以 a.sort()
>>> a
[1,2,3,4,5]

>>> a = [1,3,2,4,5]
>>> a.sort(reverse = True)
>>> a
[5,4,3,2,1]
```

（9）reverse（）是列表对象的一个内置方法，它用于将列表中的元素进行逆序排列。

```
>>> a = [1,2,3,4,5]
>>> a.reverse()
>>> a
[5,4,3,2,1]
```

（10）count（）统计某个元素在列表中出现的次数。

```
>>> a = [1,2,3,1,1,1,1]
>>> a.count(1)
```

5

（11）index（）寻找列表中出现指定对象的第一个索引，指定对象不存在，报错。

```
>>> a=[1,2,3,1,1,1,1]
>>> a.index(1,0,5)
0
```

（12）sum（）列表求和。

```
>>> a=[1,2,3,1,1,1,1]
>>> sum(a)
10
```

（13）max（）求列表中的最大值。

```
>>> a=[1,2,3,1,1,1,1]
>>> max(a)
3
```

（14）min（）求列表中的最小值。

```
>>> a=[1,2,3,1,1,0.5,1]
>>> min(a)
0.5
```

（15）len（）求列表长度。

```
>>> a=[1,2,3,1,1,0.5,1]
>>> len(a)
7
```

4.1.5 列表遍历

遍历的意思，遍就是全面、到处的意思，历就是游历的意思。所谓遍历就是全部走遍，到处周游的意思。遍历列表就是从头到尾依次从列表中获取数据。遍历列表中的所有元素是常用的操作，在遍历的过程中可以完成查询、处理等功能。

在 Python 中，遍历列表的方法有很多种，下面介绍一些常用的遍历方法。

（1）直接使用 for 循环遍历列表，可以输出元素的值，语法格式如下：

for 变量元素 in 列表：　　♯输出变量元素

【实例 4-3】 定义 python 的设计理念，然后通过 for 循环遍历该列表，并输出每条内容。

代码如下：

```
print("Python 设计理念:")
python=["入门快","简单易用","运用广泛"]
for sjln in python:                    ♯遍历列表
    print(sjln)
```

运行结果如下:

```
=============
Python 设计理念:
入门快
简单易用
运用广泛
```

(2) 使用 for 循环和 range() 函数遍历列表,并输出每条内容。

【实例 4-4】 定义 python 的设计理念,然后通过 for 循环遍历该列表,并输出每条内容。

代码如下:

```
print("Python 设计理念:")
python = ["入门快","简单易用","运用广泛"]
for i in range(len(python)):    #遍历列表
    print(python[i])
```

运行结果如下:

```
=============
Python 设计理念:
入门快
简单易用
运用广泛
```

(3) 使用 enumerate() 函数遍历列表,enumerate() 函数是一个 Python 内置函数,用于将一个可遍历的数据对象(如列表、字符串)组合为一个索引序列,同时列出数据和数据下标,一般用在 for 循环当中。

【实例 4-5】 定义 python 的设计理念,然后通过 for 循环遍历该列表,并输出每条内容。

代码如下:

```
citys = ["jinan","qingdao","yantai","zibo"]
for city in enumerate(citys):         #遍历列表
    print(city)
```

运行结果如下:

```
=============
(0,'jinan')
(1,'qingdao')
(2,'yantai')
(3,'zibo')
```

也可以这样遍历:

```
citys = ["jinan","qingdao", "yantai", "zibo"]
for index,city in enumerate(citys):
```

```
        print(index,city)
```

运行结果如下：

```
=============
0 jinan
1 qingdao
2 yantai
3 zibo
```

（4）Python 中提供了一个 iter（）方法，用于将可迭代对象转换为迭代器对象。迭代器对象可以逐个返回可迭代对象中的元素，而不是将整个可迭代对象读入内存。next（）函数返回迭代器的下一个项目，括号里面的元素必须是可迭代的对象，next 函数和 iter 函数一般一起使用。

【实例 4-6】 next 函数和 iter 函数遍历列表，并输出每条内容。

代码如下：

```
a=[1,2,3,4,5]
it = iter(a)
for i in range(1,6):
    print(next(it))
```

运行结果如下：

```
=============
1 2 3 4 5
```

4.2 元　　组

元组（Tuple）与列表一样，属于 Python 中的序列类型，它是任意对象的有序集合，通过"位置"或者"索引"访问其中的元素，它具有可变长度、异构和任意嵌套的特点，与列表不同的是：元组中的元素是不可修改的。

4.2.1 创建元组

在创建元组时，元组元素放置在小括号（）中，以逗号来分隔各元素，格式如下：
tuplename=（元素 1，元素 2，元素 3，…，元素 n），其中，元组的命名与列表的命名规则一样。注意，如果数据是不可更改的，就可以使用元组来记录，数据加入是能够修改的，就使用列表更加方便。例如：

```
a_tuple = (0,1,2,3,4,5)
b_tuple = ("P","y","t","h","o","n")
c_tuple = ('I','love', 'Python', 'very','much')
```

下面通过代码实现，并输出结果：

```
>>> a_tuple = (0,1,2,3,4,5)              #创建元组 a_tuple
```

```
>>> b_tuple=("P","y","t","h","o","n")          #创建元组 b_tuple
>>> c_tuple=('I','love','Python','very','much') #创建元组 c_tuple
>>> print(a_tuple)                              #输出元组 a_tuple
(0,1,2,3,4,5)
>>> print(b_tuple)                              #输出元组 b_tuple
('P', 'y','t', 'h', 'o', 'n')
>>> print(c_tuple)                              #输出元组 c_tuple
('I', 'love','Python', 'very', 'much')
```

元组也可以为空:

```
d_tuple=()
```

需要注意的是,为避免歧义,当元组中只有一个元素时,必须在该元素后加上逗号,否则括号会被当作运算符,例如:

```
e_tuple=(123,)
```

元组可以嵌套使用,例如:

```
f_tuple=(a_tuple,b_tuple,c_tuple)
```

下面通过代码实现,并输出结果:

```
>>> f_tuple=(a_tuple,b_tuple,c_tuple)           #创建一个嵌套列表
>>> print(f_tuple)                              #输出结果
((0,1,2,3,4,5), ('P', 'y','t','h','o','n'),('I','love','Python','very','much'))
```

4.2.2 使用元组

与列表相同,可以通过使用"位置"或者"索引"来访问元组中的值,"位置"或者"索引"也是从 0 开始,例如:

```
a_tuple=(1,2,3,4,5,6)
```

a_tuple[1]表示元组 tuple1 中的第二个元素:2。
a_tuple[3:5] 表示元组 sample_tuple1 中的第四个和第五个元素,不包含第六个元素:4,5。
a_tuple[-2] 表示元组 sample_tuple1 中从右侧向左数的第二个元素:5。

下面通过代码实现,并输出结果:

```
>>> a_tuple=(1,2,3,4,5,6)
>>> print (a_tuple[1])         #截取第二个元素 2
2
>>> print (a_tuple[3:5])       #第四个和第五个元素,不包含第六个元素(4,5)
(4,5)
>>> print (a_tuple[-2])        #从右侧向左数的第二个元素 5
5
```

元组也支持"切片"操作,例如:

```
b_tuple=("P","y","t","h","o","n")
```

b_tuple[:]表示取元组 b_tuple 的所有元素；

b_tuple[3:]表示取元组 b_tuple 的索引为 3 的元素之后的所有元素；

b_tuple[0:4:2]表示取元组 b_tuple 的索引为 0 到 4 的元素,每隔一个元素取一个。

下面通过代码实现，并输出结果：

```
>>> b_tuple = ("P","y","t","h","o","n")
>>> print (b_tuple[:])        #取元组 b_tuple 的所有元素
('P','y', 't','h','o','n')
>>> print (b_tuple[3:])       #取元组 b_tuple 的第四个元素之后的所有元素
('h','o','n')
>>> print (b_tuple[0:4:2])    #元组 b_tuple 的第一个到第五个元素,每隔一个元素取一个
('P','t')
```

4.2.3 删除元组

由于元组中的元素是不可变的，也就是不允许被删除的，但可以使用 del 语句删除整个元组：

```
del tuple
```

代码示例如下：

```
>>> c_tuple = ('Python','sample','tuple','for','your', 'reference')
>>> print (c_tuple)           #输出删除前的元组 c_tuple
('Python', 'sample','tuple','for', 'your','reference')
>>> delc_tuple                #删除元组 c_tuple
>>> print (c_tuple)           #输出删除后的元组 c_tuple
Traceback (most recent call last):
    File "< pyshell#49> ",line 1,in <module>
        print (c_tuple)
NameError: name 'c_tuple' is not defined   #系统正常报告 c_tuple 没有定义。
```

4.2.4 元组的内置函数

常见的元组内置函数见表 4-2。

表 4-2　　　　　　　　　　　元组内置函数

函数	说明	函数	说明
max（）	返回列表最大值	len（）	返回列表和
min（）	返回列表最小值	tuple（）	将列表转换成元组

1. max（）求元组中的最大值

```
>>> a = (1,2,3,1,1,1,1)
>>> max(a)
3
```

2. min() 求元组中的最小值

```
>>> a = (1,2,3,1,1,0.5,1)
>>> min(a)
0.5
```

3. len() 求元组长度

```
>>> a = (1,2,3,1,1,0.5,1)
>>> len(a)
7
```

4. tuple() 将列表转换成元组

```
>>> b = [1,2,3,4,5,6]
>>> b
[1,2,3,4,5,6]
>>> tuple(b)
(1,2,3,4,5,6)
```

4.2.5 元组的遍历

元组的遍历和列表的遍历相似，直接使用 for 循环遍历元组、使用 for 循环和 enumerate() 函数遍历元组、使用 for 循环和 range() 函数遍历元组、使用 for 循环和 iter() 函数遍历元组。

4.3 字　　典

字典（Dictionaries），属于映射类型，它是通过键实现元素存取，具有无序、可变长度、异构、嵌套和可变类型容器等特点。

4.3.1 创建字典

字典中的键和值，它们成对出现，中间用冒号分割，每对直接用逗号分隔，并放置在花括号中，格式如下：

dictname = {键1：值1，键2：值2，键3：值3，……，键n：值n}

在同一个字典中，键应该是唯一的，但值则无此限制，值也可以嵌套列表。举例如下：

```
a_dict = {'Hello': 'World','Capital': 'BJ','City': 'CQ'}
b_dict = {12: 34,34: 56,56: 78}
c_dict = {'Hello': 'World',34: 56,'City': 'CQ'}
c1_dict = {'Name': ['Alice','Bob','Charlie'],'Age': [25,30,35]}
```

创建字典时，同一个键被两次赋值，那么第一个值无效，第二个值被认为是该键的值。

d_dict = {'Model': 'PC','Brand': 'Lenovo','Brand': 'Thinkpad'}

这里的键 Brand 生效的值是 Thinkpad。

字典也支持嵌套，格式如下：

dictname= {键1:{键11：值11，键12：值12 }，键2：{ 键21：值21，键2：值22}，……，键n:{键n1：值n1，键n2：值n2}}

例如：

e_dict = {'office':{ 'room1':'Finance ','room2':'logistics'}, 'lab':{'lab1':'Physics','lab2':'Chemistry'}}

4.3.2　使用字典

使用字典中的值时，只需要把对应的键放入方括号，格式为：
dictname [键]
举例如下：

```
>>> f_dict = {'Hello': 'World','Capital':'BJ','City':'CQ'}
>>> print ("f_dict['Hello']: ", f_dict['Hello'])
    f_dict['Hello']:  World              #输出键为 Hello 的值
>>> g_dict2 = {12: 34, 34: 56, 56: 78}
>>> print ("g_dict[12]: ",g_dict[12])
    sample_dict2[12]:  34                #输出键为 12 的值
```

可以对字典中的已有的值进行修改，例如：

```
>>> f_dict = {'Hello':'World','Capital':'BJ','City': 'CQ'}
>>> print (f_dict['City'])               #输出键为 City 的值
   CQ
>>> f_dict['City'] = 'NJ'                #把键为 City 的值修改为 NJ
>>> print (f_dict['City'])               #输出键为 City 的值
   NJ
>>> print (f_dict)
{'Hello':'World','Capital': 'BJ','City': 'NJ'}   #输出修改后的字典
```

可以向字典末尾追加新的键值，例如：

```
>>> f_dict = {'Hello': 'World', 'Capital': 'BJ','City':'CQ'}
>>> f_dict['viewspot'] = 'HongYaDong'   #把新的键和值添加到字典
>>> print (f_dict)                      #输出修改后的字典
{'Hello': 'World','Capital': 'BJ','City':'CQ','viewspot': 'HongYaDong'}
```

4.3.3　删除元素和字典

可以使用 del 语句删除字典中的键和对应的值，格式为：
del dictname [键]
使用 del 语句删除字典，格式为：

del dictname

举例如下：

```
>>> f_dict = {'Hello': 'World','Capital':'BJ','City':'CQ'}
>>> del f_dict['City']           #删除字典中的键 City 和对应的值
>>> print (f_dict)               #打印结果
{'Hello': 'World','Capital': 'BJ'}
>>> del f_dict                   #删除该字典
>>> print (f_dict)               #打印该字典
Traceback (most recent call last):   #系统正常报错，该字典未定义
  File"<pyshell#71> ", line 1, in <module>
    print (f_dict)
NameError: name 'f_dict' is not defined
```

4.3.4 字典的内置函数和方法

常见的字典内置函数见表4-3。

表4-3　　　　　　　　　　字典的内置函数

函　　数	说　　明
len ()	计算键的总数
str ()	输出字典
type ()	返回字典类型

举例说明：

1. len () 计算键的总数

```
>>> f_dict = {'Hello': 'World','Capital':'BJ','City':'CQ'}
>>> len(f_dict)                  #计算该字典中键的总数
3
```

2. str () 输出字典

```
>>> str(f_dict)                  #输出字典
"{'Hello':'World','Capital':'BJ','City':'CQ'}"
```

3. type () 返回字典类型

```
>>> type(f_dict)                 #返回数据类型
<class'dict'>
```

字典的常用方法见表4-4。

表4-4　　　　　　　　　　字典的常用方法

方　　法	说　　明
dictname. clear ()	删除字典所有元素

续表

方 法	说 明
dictname.copy（）	以字典类型返回某个字典的复制
dictname.fromkeys（seq［，value］）	创建一个新字典，以序列中的元素做字典的键，通常用于初始化字典（设置 value 的默认值）
dictname.get（value，default＝None）	返回指定键的值，get 如果取的是不存在的 key，会返回 none
dictname.items（）	以列表返回可遍历的（键，值）元组数组
dictname.keys（）	将一个字典所有的键生成列表并返回
dictname.values（）	将一个字典所有的值生成列表并返回
dictname.setdefault（value，default＝None）	和 dictname.get（）类似，不同点是，如果键不存在于字典中，将会添加键并将值设为 default 对应的值
dictname.update（dictname2）	把字典 dictname2 的键/值对更新到 dictname 里
dictname.pop（key［，default］）	弹出字典给定键所对应的值，返回值为被删除的值。键值必须给出。否则，返回 default 值
dictname.popitem（）	弹出字典中的一对键和值（一般删除末尾对），并删除

举例说明：

（1）dictname.clear（）删除字典所有元素。

```
>>> e_dict = {'name':'翠花','age':18,'sex':'女'}    #创建一个字典
>>> e_dict.clear()
>>> print(e_dict)                                   #输出字典,结果为空
{}
```

（2）dictname.copy（）以字典类型返回某个字典的复制。

```
>>> e_dict = {'name':'翠花','age':18,'sex':'女'}
>>> e1_dict = e_dict.copy()
>>> print(e1_dict)
{'name':'翠花','age': 18,'sex': '女'}
```

（3）dictname.fromkeys（seq［，value］）方法创建带有默认值的字典，通常用于初始化字典（设置 value 的默认值）。

```
>>> list1 = ['Q','W','E','R']
>>> e_dict = dict.fromkeys(list1)
>>> e_dict
{'Q': None,'W': None,'E': None,'R': None}    #没有 value 就是空值
>>> e_dict = dict.fromkeys(list1,10)
{'Q':10,'W': 10,'E': 10,'R': 10}
```

（4）dictname.get（value，default＝None）返回指定键的值，get 如果取的是不存在

的 key，会返回 none。

```
>>> e_dict = {'name':'翠花','age':18,'sex':'女'}
>>> print(e_dict.get('name'))
翠花
>>> print(e_dict.get('name1'))    #返回 none
None
```

（5）dictname.items() 以列表返回可遍历的（键，值）元组数组。

```
>>> e_dict = {'name':'翠花','age':18,'sex':'女'}
>>> f_dict = e_dict.items()
>>> print(f_dict)
dict_items([('name','翠花'), ('age', 18), ('sex', '女')])        #返回元组数组
```

（6）dictname.keys() 将一个字典所有的键生成列表并返回。

```
>>> e_dict = {'name':'翠花','age':18,'sex':'女'}
>>> f = e_dict.keys()
>>> print(f)
dict_keys(['name','age','sex'])    #返回键生成的列表
```

（7）dictname.values() 将一个字典所有的值生成列表并返回。

```
>>> e_dict = {'name':'翠花','age':18,'sex':'女'}
>>> f = e_dict.values()
>>> print(f)
dict_values(['翠花', 18,'女'])  #返回值生成的列表
```

（8）dictname.setdefault（value，default=None）和 dictname.get() 类似，不同点是，如果键不存在于字典中，将会添加键并将值设为 default 对应的值。

```
>>> e_dict = {'name':'翠花','age':18,'sex':'女'}
>>> f_dict = e_dict.setdefault('sex')
>>> print(f_dict)
女
>>> f1_dict = e_dict.setdefault('address')
>>> print(f1_dict)
None
>>> print(e_dict)
{'name': '翠花','age': 18,'sex':'女','address': None}   #可以看到添加了新的键值对
```

（9）dictname.update（dictname2）把字典 dictname2 的键/值对更新到 dictname 里。

```
>>> f_dict = {1:2,2:3,3:4}
>>> f_dict.update({1:3,2:6,3:9})
>>> print(f_dict)
{1: 3, 2: 6, 3: 9}                    #更改键对应的值
>>> f_dict = {1:2,2:3,3:4}
```

```
>>> f_dict.update({1:3,2:6,3:9})
>>> f_dict.update({4:3,5:6,6:9})
>>> print(f_dict)
{1: 3, 2: 6, 3: 9, 4: 3, 5: 6, 6: 9}        #添加键值对
>>> f_dict.update([(7,10),(8,10)])
>>> print(f_dict)
{1: 3,2: 6,3: 9,4: 3,5: 6,6: 9,7: 10,8: 10}  #传入元组组成的列表
```

(10) dictname.pop（key［，default］）弹出字典给定键所对应的值，返回值为被删除的值。键值必须给出。否则，返回 default 值。

```
>>> e_dict = {'name':'翠花','age':18,'sex':'女'}
>>> print(e_dict.pop('name1','没有这个键'))
没有这个键                    #如果字典中没有对应的键,就会出现 default 值
>>> print(e_dict.pop('name','没有这个键'))
翠花                          #弹出给定键,并删除对应的值
>>> print(e_dict)
{'age': 18,'sex':'女'}
```
Del 和 pop()的区别:del 是将其删掉(可以参看 4.3.3),不会具有返回值,pop 会返回删除键的值。

(11) dictname.popitem（）弹出字典中的一对键和值（一般删除末尾对）并删除。

```
>>> dict_a = {'高数':90,'美育':89,'大英':75,'C语言':99}
>>> print(dict_a)
{'高数': 90,'美育': 89,'大英': 75,'C语言': 99}
>>> dict_a.pop('美育')         #弹出给定键,并删除对应的值
89
>>> print(dict_a)
{'高数': 90, '大英': 75,'C语言': 99}
>>> dict_a.popitem()          #弹出字典中的一对键和值(一般删除末尾对)并删除。
('C语言', 99)
>>> print(dict_a)
{'高数': 90, '大英': 75}
```

4.3.5　字典的遍历

　　一个 Python 字典可能只包含几个键值对，也可能包含数百万个键值对。鉴于字典可能包含大量的数据，Python 支持对字典的遍历。字典可用于以各种方式存储信息，因此有多种遍历字典的方式：可遍历字典的所有键值对、键或值。

　　以 dict_a＝{'高数'：90,'美育'：89,'大英'：75,'C语言'：99} 为例，分析字典的遍历过程。

　　1. 遍历所有的键（key）
　　方法一：

```
dict_a = {'高数':90,'美育':89,'大英':75,'C语言':99}
```

```
for i in dict_a:
    print(i)
```

输出结果：

```
=============
高数
美育
大英
C语言
```

方法二：

```
dict_a = {'高数':90,'美育':89,'大英':75,'C语言':99}
for i in dict_a.keys():
        print(i)
```

输出结果：

```
=============
高数
美育
大英
C语言
```

2. 遍历所有的值

方法一：

```
dict_a = {'高数':90,'美育':89,'大英':75,'C语言':99}
for i in dict_a:
        print(dict_a[i])
```

输出结果：

```
=============
90
89
75
99
```

方法二：

```
dict_a = {'高数':90,'美育':89,'大英':75,'C语言':99}
for i in dict_a.values():
        print(i)
```

输出结果：

```
=============
90
89
```

75
99

3. 遍历所有的键值对

方法一：

```
dict_a = {'高数':90,'美育':89,'大英':75,'C语言':99}
for i in dict_a:
    print(i,dict_a[i])
```

输出结果：

```
=============
高数 90
美育 89
大英 75
C语言 99
```

方法二：

```
dict_a = {'高数':90,'美育':89,'大英':75,'C语言':99}
for key,value in dict_a.items():
    print(key,value)
```

输出结果：

```
=============
高数 90
美育 89
大英 75
C语言 99
```

4.4 集　　合

集合（Set）是 Python 中一种无序、可变且不重复的数据结构。它可以用于存储一组唯一的元素，而且集合中的元素是不可重复的。下面，将介绍集合的创建和操作集合的方法，以及集合内置函数的使用等。

4.4.1 创建集合

使用大括号｛｝或者 set（）创建非空集合，格式为：
set＿1＝｛值1，值2，值3，…，值n｝
set＿2＝set（［值1，值2，值3，…，值n］）
创建一个不可变集合，格式为：
set＿3＝frozenset（［值1，值2，值3，…，值n］）
举例如下：

```
set_1 = {1,2,3,4,5}
set_2 = {'a','b','c','d','e'}
set_3 = {'Beijing','Guangzhou','Shanghai','Nanjing','Wuhan'}
set_4 = set([11,22,33,44,55])
set_5 = frozenset(['CHN','ENG','USA','JPN','IND',])      #创建不可变集合
```

4.4.2 使用集合

由于集合中的元素是无序的,因此无法向列表、元组和字典那样使用下标访问元素。访问集合元素最常见的方法是使用循环结构,将集合中的数据逐一读取出来。例如:

```
set_1 = {1,2,3,'a','b','c'}
for i in set_1:
            print(i,end=' ')
```

运行结果:

```
=============
1 2 3 a b c
```

集合的一个显著的特点就是可以去掉重复的元素,例如:

```
>>> set_2 = {1,2,3,4,5,1,2,3,4,}
>>> print(set_2)                #输出去掉重复的元素的集合
{1,2,3,4,5}
```

可以使用 len() 函数来获得集合中元素的数量,例如:

```
>>> set_2 = {1,2,3,4,5,1,2,3,4,}
>>> len(set_2)                  #输出集合的元素数量
5
```

4.4.3 删除元素和集合

1. 删除元素

(1) remove() 方法:使用该方法删除集合中的指定元素,如果指定元素不存在则会报错。例如:

```
>>> set_1 = {1,2,3,'a','b','c'}
>>> set_1.remove(1)
>>> print(set_1)
```

输出结果:

```
=============
{2,3,'b', 'c', 'a'}
>>> set_1.remove(4)             #删除不存在的元素,就要报错
Traceback (most recent call last):
File"<pyshell#3> ",line 1,in <module>
```

```
set_1.remove(4)
KeyError:4
```

(2) discard()方法：使用该方法删除集合中的指定元素，和 remove()方法的用法相同，当指定元素不存在时，此方法不会抛出任何错误。例如：

```
>>> set_1 = {1,2,3,'a','b','c'}
>>> set_1.discard(1)
>>> print(set_1)
```

输出结果：

```
=============
{2,3,'b','c','a'}
>>> set_1.discard(4)    ♯删除不存在的元素,不会报错
```

(3) pop()方法：此方法会随机删除集合中的一个元素，并返回该元素的值。例如：

```
>>> set_1 = {1,2,3,'a','b','c'}
>>> set_1.pop()              ♯随机删除集合中的一个元素
>>> print(set_1)
```

输出结果：

```
=============
{2,3,'b','c','a'}            ♯输出结果
```

2. clear()方法：用于清空集合
例如：

```
>>> set_1 = {1,2,3,'a','b','c'}
>>> set_1.clear()            ♯用于清空集合
>>> print(set_1)
set()
```

4.4.4 集合的内置函数和方法

常见的集合内置函数见表 4-5。

表 4-5　　　　　　　　　　　　常见的集合内置函数

方　法	说　明
add()	添加一个元素到集合中。假如集合中已经有了该元素，则看不出效果；因为集合是去重的
difference()	求两个集合的差集；返回一个集合，集合中的元素为当前集合减去指定集合
difference_update()	difference 方法是取差，但是不改变两个集合。difference_update 方法是将差集赋给原来的集合
intersection()	求两个集合的交集；返回一个集合，该集合是两个集合的交集

85

续表

方 法	说 明
intersection_update()	intersection 方法是求两个集合的交集，但是不改变原来的两个集合；intersection_update 方法是把交集赋给前面原来的集合
issubset()	判断该集合是否为指定集合的子集；是则返回 True，否则返回 False
issuperset()	判断该集合是否为指定集合的父集；是则返回 True，否则返回 False
union()	求两个集合的并集；返回一个集合，该集合是两个集合的并集

举例说明：

（1）add() 添加一个元素到集合中。假如集合中已经有了该元素，则看不出效果；因为集合是去重的。

```
>>> set_1 = {1,2,3,'a','b','c'}
>>> set_1.add(4)
>>> print(set_1)
  {1,2,3,'b',4,'c','a'}        #输出结果
>>> set_1.add(2)               #添加集合中有重复的数据
>>> print(set_1)
  {1,2,3,'b',4,'c','a'}        #输出结果中没有重复显示
```

（2）difference() 求两个集合的差集；返回一个集合，集合中的元素为当前集合减去指定集合。

```
>>> set_1 = {1,2,3,'a','b','c'}
>>> set_2 = {1,3}
>>> set_1.difference(set_2)
  {'b',2,'c','a'}              #输出差集
>>> print(set_1)
  {1,2,3,'b','c','a'}          #set_1 集合元素没有发生改变
```

（3）difference_update() 该方法是将差集合赋给原来的集合。

```
>>> set_1 = {1,2,3,'a','b','c'}
>>> set_2 = {1,3}
>>> set_1.difference_update(set_2)
>>> print(set_1)
  {2, 'b', 'c', 'a'}           #输出结果中 set_1 的元素变成了差集
```

（4）intersection() 求两个集合的交集，返回一个集合，该集合是两个集合的交集。

```
>>> set_1 = {1,2,3,'a','b','c'}
>>> set_2 = {1,3}
>>> set_1.intersection(set_2)
  {1, 3}                       #输出交集
```

（5）intersection_update() 该方法把交集赋给前面原来的集合。

```
>>> set_1 = {1,2,3,'a','b','c'}
>>> set_2 = {1,3}
>>> set_1.intersection_update(set_2)
>>> print(set_1)
   {1,3}                          #输出结果中 set_1 的元素变成了交集
```

（6）issubset() 判断该集合是否为指定集合的子集；是则返回 True，否则返回 False。

```
>>> set_1 = {1,2,3,'a','b','c'}
>>> set_2 = {1,3}
>>> set_2.issubset(set_1)
True          #set_2 是 set_1 的子集,结果为 True
>>> set_1.issubset(set_2)
False         #明显 set_1 不是 set_2 的子集,结果为 False
```

（7）issuperset() 判断该集合是否为指定集合的父集；是则返回 True，否则返回 False。

```
>>> set_1 = {1,2,3,'a','b','c'}
>>> set_2 = {1,3}
>>> set_1.issuperset(set_2)    #set_1 是 set_2 的父集,结果为 True
   True
>>> set_2.issuperset(set_1)    #明显 set_2 不是 set_1 的父集,结果为 True
   False
```

（8）union() 求两个集合的并集；返回一个集合，该集合是两个集合的并集。

```
>>> set_1 = {1,2,3,'a','b','c'}
>>> set_2 = {5,6}
>>> set_1.union(set_2)
   {1, 2, 3, 'b', 5, 6, 'c', 'a'}    #输出结果为两个集合的并集
```

4.4.5 集合的遍历

集合的遍历比较简单，用 for 循环就可以解决。例如：

```
set_1 = {1,2,3,'a','b','c'}
for i in set_1:
    print(i,end = ' ')
```

输出结果：

```
==============
1 2 3 a c b
```

4.5 综合案例

学习了 Python 中的组合数据类型，可能知识要点比较零碎，不系统，没有整体的感

觉。本节通过几个综合案例来加深对知识要点的理解，综合案例可以提高如何利用列表、元组和字典来解决实际问题的能力，比如数据处理、信息存储和管理等，进一步综合运用列表、元组和字典的相关操作，如遍历、增删改查等，帮助开发者综合运用各种编程技能，提高编程能力。也可以理解如何编写可复用的代码块，将功能模块化，提高代码的可维护性和可扩展性，有助于开发者更好地组织和管理自己的代码。

【案例 4-1】 石头剪刀布是一种简单而经典的手势游戏，通常由两名玩家进行。每个玩家同时选择并展示出石头、剪刀或布中的一个手势，然后根据一定的规则来确定胜负。基本规则如下：石头胜剪刀（石头砸剪刀），剪刀胜布（剪刀剪布），布胜石头（布包石头），如果双方出的手势相同，则为平局。

分析：这个游戏程序实现，在前面的章节使用枚举了各种情况，程序冗余的部分很多。学了列表和列表的嵌套以后，可以将程序简化，提高运行效率。只要将赢的情况使用列表的嵌套表达出来，这个问题就解决了。

win＝［［'石头'，'剪刀'］，［'剪刀'，'布'］，［'布'，'石头'］］

程序代码的实现：

```python
import random
a = input('请输入石头或剪刀或布:')   #玩家输入
b = random.choice(['石头','剪刀','布'])   #计算机随机出
print('计算机出的是:' + b)
win = [['石头','剪刀'],['剪刀','布'],['布','石头']]   #赢的情况列表
if a == b:
    print('平,呵呵')
elif [a,b] in win:
    print('我赢了,耶! ')
else:
    print('我输了,运气不好')
```

运行结果如图 4-3 所示。

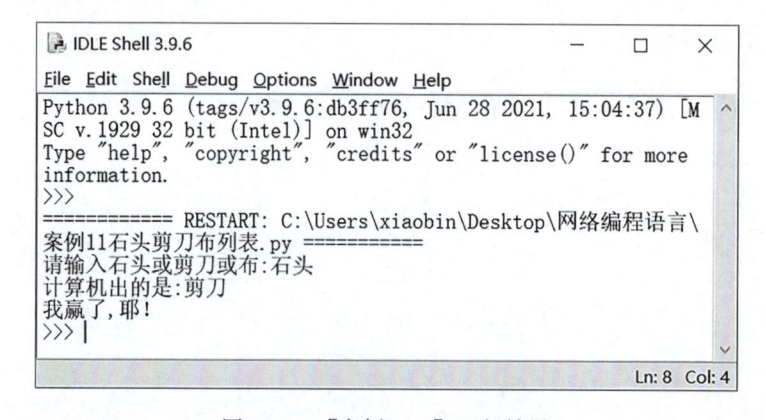

图 4-3 ［案例 4-1］运行结果

【案例 4-2】 随机产生 10 个 3 位整数（300～400），按由小到大的顺序输出。

分析：10 个 3 位整数存储在列表中，使用列表的 sort 函数来实现排序。

程序代码的实现：

```
import random
a = []
for i in range(1,11)：   ♯循环10次
        b = random. randint(300,401)    ♯产生随机整数
        a. append(b)                   ♯存储在列表中
print("排序前")
print(a)
print("排序后")
a. sort()   ♯使用列表的排序函数
print(a)
```

运行结果如图4-4所示。

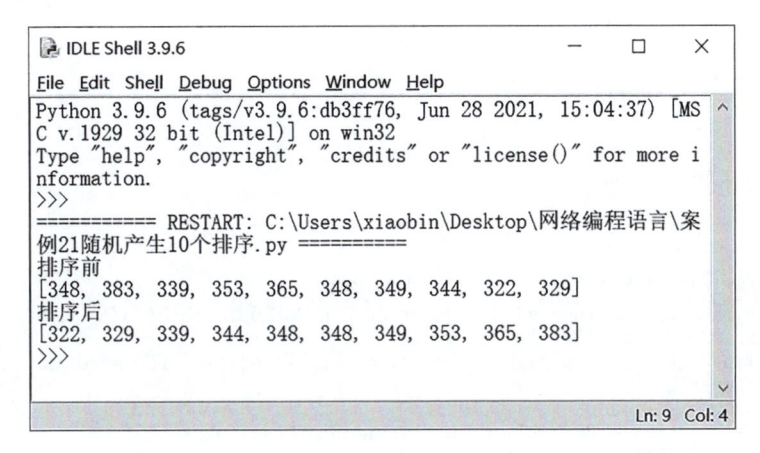

```
IDLE Shell 3.9.6
File Edit Shell Debug Options Window Help
Python 3.9.6 (tags/v3.9.6:db3ff76, Jun 28 2021, 15:04:37) [MS
C v.1929 32 bit (Intel)] on win32
Type "help", "copyright", "credits" or "license()" for more i
nformation.
>>>
========== RESTART: C:\Users\xiaobin\Desktop\网络编程语言\案
例21随机产生10个排序.py ==========
排序前
[348, 383, 339, 353, 365, 348, 349, 344, 322, 329]
排序后
[322, 329, 339, 344, 348, 348, 349, 353, 365, 383]
>>>
```

图4-4　［案例4-2］运行结果

【案例4-3】　在网上购物时，面对琳琅满目的商品，应该如何快速选择适合自己的商品？为了让用户快速地定位到适合自己的商品，每个电商购物平台都提供价格排序与设置价格区间功能。假设现在某平台有10件商品，每件商品对应的价格见表4-6。

表4-6　　　　　　　　　　　　商品对应价格

商品序号	价格	商品序号	价格
1	398	6	748
2	4368	7	239
3	538	8	188
4	288	9	99
5	108	10	1000

用户根据提示"请输入最大价格："和"请输入最小价格："分别输入最大价格和最小价格，选定符合自己需求的价格区间，并按照提示："1. 价格降序排序（换行）2. 价格升序排序（换行）请选择排序方式："输入相应的序号，程序根据用户输入将排序后的价格区间内的价格全部输出。

分析：这个问题也是一个排序的问题，只不过是要筛选一下需要的价格，把所需价格存入列表中，然后再进行排序输出。

程序代码的实现：

```
price_l = [398,4368,538,288,108,748,239,188,99,1000]    #价格列表
max_price = int(input("请输入最大的价格:"))
min_price = int(input("请输入最小的价格:"))
price_choice = []
for i in price_l:
    if min_price <= i <= max_price:
        price_choice.append(i)
choice_num = int(input("请选择排序方式:"))    #用户选择
if choice_num == 1:
    price_choice.sort(reverse = True)
else:
    price_choice.sort()
print(price_choice)
```

运行结果如图4-5所示。

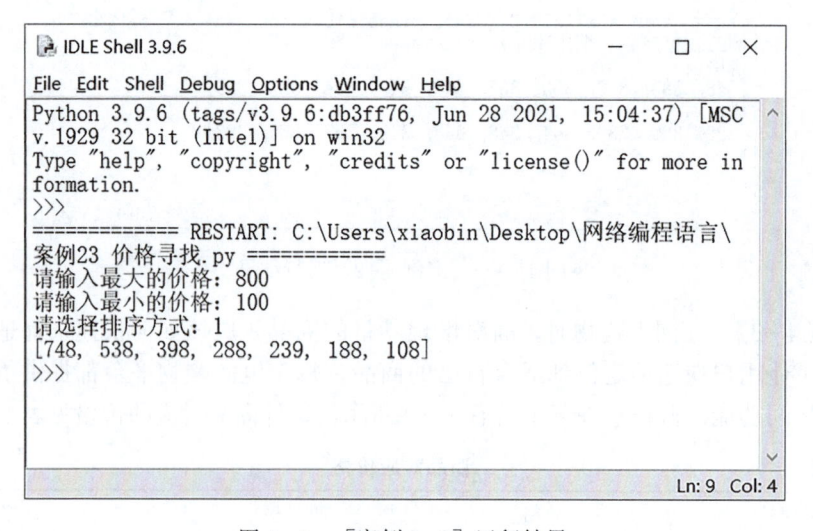

图4-5　[案例4-3]运行结果

【案例4-4】　找出分数最高和最低同学的姓名，数据见表4-7。

表4-7　　　　　　　　　　　　　　　成绩表

姓名	成绩	姓名	成绩
李明	67	肖明	80
王明	56	赵明	78
张明	90	洪明	86
刘明	99		

分析 1：这是现实生活中常常碰到的问题，成绩列表中的最高分和最低分，可以使用 max 和 min 函数来实现，从而可以得到成绩列表中的索引，再对应姓名列表中的值。

程序代码的实现：

```
name_list = ['李明','王明','张明','刘明','肖明','赵明','洪明']
score_list = [67,56,90,99,80,78,86]
index1 = score_list.index(max(score_list))
index2 = score_list.index(min(score_list))
print("成绩最高的同学是:",name_list[index1])
print("成绩最低的同学是:",name_list[index2])
```

运行结果如图 4-6 所示。

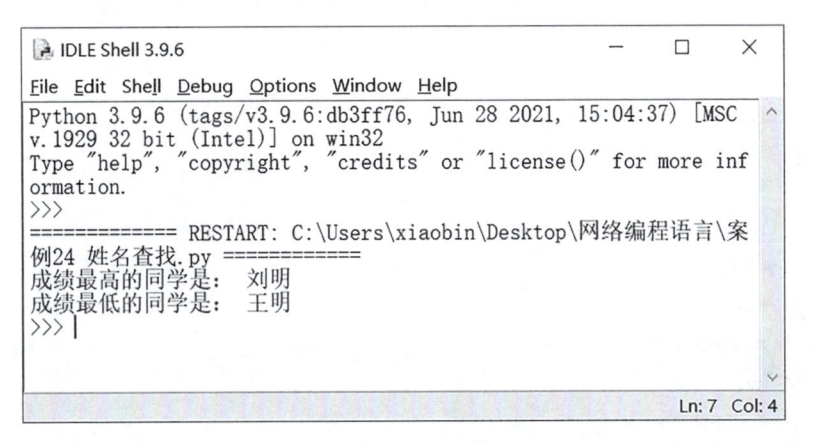

图 4-6　[案例 4-4] 运行结果 1

分析 2：对于有姓名和成绩的对应的问题，可以使用字典数据类型来解决，找到对应姓名，可以遍历字典来实现。

程序代码的实现：

```
dic1 = {"李明":67,"王明":56,"张明":90,"刘明":99,"肖明":80,"赵明":78,"洪明":86}
a = dic1.values()    #字典的值放在列表中
b = max(a)
c = min(a)
for k,v in dic1.items():    #遍历字典
    if v == b:
        print("最高分为:",k)
    if v == c:
        print("最低分为:",k)
```

运行结果如图 4-7 所示。

【案例 4-5】 有如下值集合 [11，22，33，44，55，6，77，88，99，98]，将所有大于 66 的值保存至字典的第一个 key 中，将小于 66 的值保存在第二个 key 中。

分析：这是一个分类问题，将列表中满足条件的值放在字典中，涉及列表的遍历，字典键和值的更新。

图 4-7 ［案例 4-4］运行结果 2

程序代码的实现：

```
list_1 = [11,22,33,44,55,6,77,88,99,98]
dic_1 = {}
m = []
n = []
for i in list_1：
    if i>66：
        m.append(i)
    if i<66：
        n.append(i)
dic_1.update(k1 = m,k2 = n)
print(dic_1)
```

运行结果如图 4-8 所示。

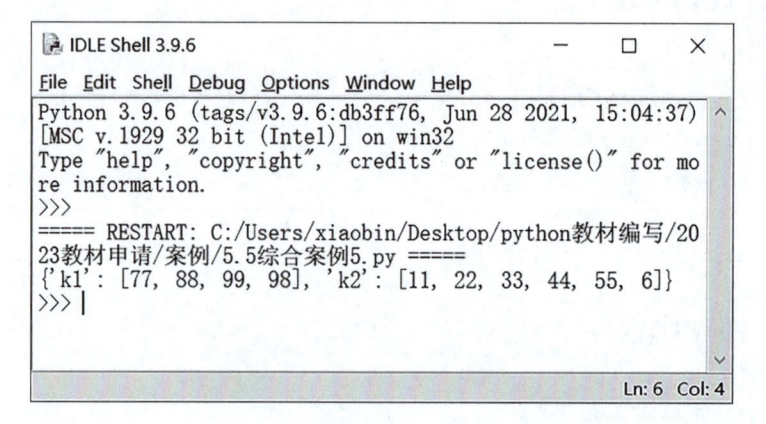

图 4-8 ［案例 4-5］运行结果

第 5 章 Python函数

5.1 函数概述

日常生活中，人们在求解某个复杂问题时，通常采用逐步分解、分而治之的方法，也就是将一个大问题分解成若干个比较容易求解的小问题，然后分别求解。在实际的编程中，程序员在设计一个复杂的应用程序时，往往也是把整个程序划分成若干个功能较为单一的程序模块，而函数就是能实现某一部分功能的代码块，具有特定功能的、可重用的语句组，用函数名来表示并通过函数名完成功能调用。

函数可以在需要的地方调用执行，不需要在每个执行地方重复编写这些语句。每次使用函数可以提供不同的参数作为输入，以实现对不同数据的处理；函数执行后，还可以反馈相应的处理结果。

函数能提高应用的模块性和代码的重复利用率。Python 提供了许多内建函数，比如 print()。但也可以自己创建函数，称为用户自定义函数。

5.1.1 函数的定义

Python 使用 def 语句定义一个函数，依次写出函数名、括号、括号中的参数和冒号（:），然后在缩进块中编写函数体，函数的返回值用 return 语句返回。语法形式如下：

def 函数名（形式参数列表）：
    函数体
    return 返回值列表

关于函数的定义，有如下说明：

（1）在函数定义中，函数名是函数的标识，它的命名必须遵循本书 2.1.3 介绍的标识符命名规则。

（2）函数定义括号中的形式参数列表简称形参列表，可以没有、一个或多个，有多个形参，各参数之间用逗号隔开，当没有参数时也要保留圆括号。形参的命名也必须遵循标识符命名的规则。在 Python 中对函数参数的数量没有限制，但是定义函数参数的个数不宜太多，一般 2~3 个即可。在定义函数时，一般要把函数参数的意义注释清楚，便于阅读程序。

（3）圆括号后的冒号（:）不能省略，是函数定义语法的一部分。

（4）函数体是函数每次被调用时执行的代码，由一行或多行语句组成。

（5）return 可以返回值同时也表示函数运行的结束。return 可以返回多个不同数据类型的返回值，之间用逗号隔开。return 也可以没有返回值，仅表示结束函数的运行，程序回到原调用的位置。当然，return 语句还可以省略。

下面通过 4 个具体的案例来说明函数的定义。

1. 无形参，无 return 的函数定义

def print_welcome（）：
    print（" Welcome Beijing!"）

该函数的作用是输出"Welcome Beijing!"的信息。没有形参，但是函数名后的圆括号一定要有。

该函数也没有return语句，虽然不影响函数的运行，但函数执行时，会花费时间检查函数体是否结束，进而影响执行效率，所以建议带有return语句。

2. 有形参，有return，无返回值的函数定义

```
def print_plus (a, b):
    print (a," +", b," =", a+b)
    return
```

该函数的作用是直接输出a加b的和，a、b的值需要在函数调用时通过实参传递过来。这个函数虽然有return语句，但是没有返回值，仅仅表示函数到此结束。

3. 无形参，有返回值的函数定义

```
def input_name ():
    name=input (" 请输入你的姓名:")
    return name
```

该函数没有参数，其作用是从键盘输入姓名，并将姓名返回给主调函数。

4. 有形参，有返回值的函数定义

```
def app_plus (a, b):
    return a+b
```

该函数与第二个函数定义类似，a，b的值需要在函数调用时通过实参传递过来。在函数体中计算a加b的和。但是，函数体中没有输出结果，而是通过return将结果作为返回值返回到主调函数中。

5.1.2 函数调用和返回

要调用一个函数，需要知道函数的名称和参数。函数分为自定义函数和内置函数。自定义函数需要先定义再调用，内置函数直接调用，有的内置函数是在特定的模块下，这时需要用import命令导入模块后再调用。

函数调用的一般格式如下：

函数名（实际参数列表）

实际参数列表简称为实参列表，使用逗号分隔多个实参。没有实参时，括号里是空的，但是括号不能省略。

调用一个函数需要执行以下4个步骤。

（1）调用程序在调用处暂停执行；

（2）在调用时将实参复制给函数的形参；

（3）执行函数体语句；

（4）函数调用结束给出返回值，程序回到调用前的暂停处继续执行。

同样使用上一节中定义的4个函数，我们分别对其进行调用，代码如下：

```
print_welcome()
print_plus(1,2)
```

```
print("你好!",input_name())
print(app_plus(2,3))
```

程序运行结果如图 5-1 所示。

图 5-1　程序运行结果

分析程序的执行过程：

Python 执行到 print_welcome() 函数时，暂停执行下一条语句，转而执行该函数，该函数没有参数，直接转到执行函数的函数体部分，即 print 语句，执行完成后，又回到原来的位置，继续执行下一条语句 print_plus(1,2)。具体过程如图 5-2 所示。

图 5-2　函数调用和返回过程

5.1.3　变量的作用域

变量的作用域也叫作用范围，是程序中定义的对象可以被访问和处理的代码范围。一个程序的所有的变量并不是在哪个位置都可以访问的。访问权限决定于这个变量是在哪里赋值的。变量的作用域决定了在哪一部分程序可以访问哪个特定的变量名称。

根据定义的位置不同，变量分为局部变量和全局变量。定义在函数外的变量拥有全局作用域，称为全局变量，全局变量可以在整个程序范围内访问；定义在函数内部的变量拥有一个局部作用域，称为局部变量，局部变量只能在其被声明的函数内部访问。

1. 局部变量

局部变量指在函数内部使用的变量，仅在函数内部有效，当函数退出时变量将不存在。

这就确保了函数内部数据的安全性。

【实例 5-1】　局部变量的定义的访问。

```
def fun( Width,Depth ,Height):
    volume =  Width * Depth * Height    # volume 在这里是局部变量.
    print("立方体的体积为：",volume)
```

```
        return volume           #返回立方体的体积
w = eval(input("请输入立方体的长:"))
d = eval(input("请输入立方体的宽:"))
h = eval(input("请输入立方体的高:"))
fun( w,d,h)
```

程序运行结果如图 5-3 所示。

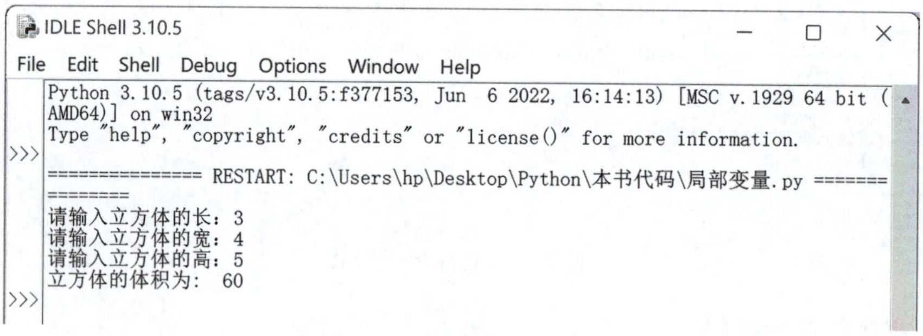

```
请输入立方体的长：3
请输入立方体的宽：4
请输入立方体的高：5
立方体的体积为： 60
```

图 5-3 局部变量运行结果

volume 是在 fun 函数中定义的一个变量，其作用范围就在函数内部，在其他函数访问局部变量会引发错误，先将上面的代码进行修改，增加了一条函数外输出立方体体积的语句，代码如下：

```
def fun( Width,Depth,Height):
    volume =  Width * Depth * Height    # volume 在这里是局部变量.
    print("函数内部输出立方体的体积为: ", volume)
    return volume           #返回立方体的体积
w = eval(input("请输入立方体的长:"))
d = eval(input("请输入立方体的宽:"))
h = eval(input("请输入立方体的高:"))
fun( w,d,h)
print("函数外部输出立方体的体积为:",volume)
```

程序运行结果如图 5-4 所示。

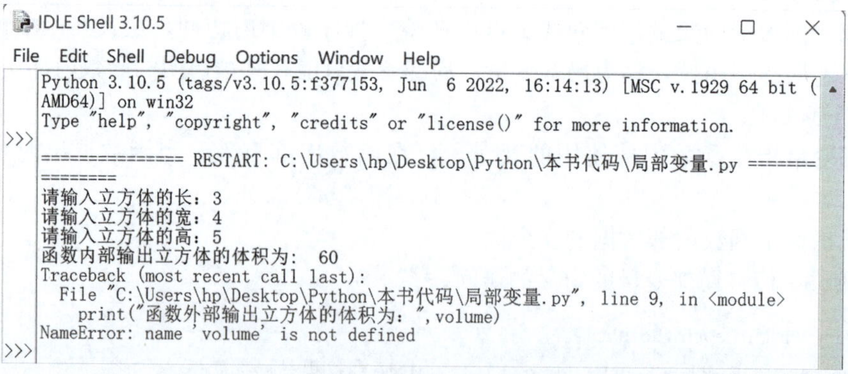

```
请输入立方体的长：3
请输入立方体的宽：4
请输入立方体的高：5
函数内部输出立方体的体积为： 60
Traceback (most recent call last):
  File "C:\Users\hp\Desktop\Python\本书代码\局部变量.py", line 9, in <module>
    print("函数外部输出立方体的体积为: ",volume)
NameError: name 'volume' is not defined
```

图 5-4 外部引用局部变量的错误提示

错误提示说明，print（"函数外部输出立方体的体积为："，volume）语句中的 volume 没有定义。因为 volume 是在函数 fun 中定义的，当 fun 函数结束时，volume 就随之释放，无法再访问了。

2. 全局变量

全局变量指在函数之外定义的变量，一般没有缩进，在程序执行全过程有效。将上述程序进行修改，增加全局变量的定义，代码如下：

```
volume = 1    #该 volume 为全局变量
def fun( Width,Depth,Height):
    volume =  Width * Depth * Height  # volume 在这里是局部变量.
    print("函数内部输出立方体的体积为: ", volume)
    return volume       #返回立方体的体积
w = eval(input("请输入立方体的长:"))
d = eval(input("请输入立方体的宽:"))
h = eval(input("请输入立方体的高:"))
fun( w,d,h)
print("函数外部输出立方体的体积为:",volume)
```

程序运行结果如图 5-5 所示。

图 5-5　全局变量和局部变量的运行结果

分析结果，可以看到，函数内部输出的立方体的体积为 24，但外部的为 1，但是这两个变量名都是 volume。通过分析，可以发现，函数内部输出的是局部变量 volume 的值，而函数外部输出的是全局变量 volume 的值。所以，在这里需要强调的是，若函数内外有相同名称的变量时，它们分别属于不同的命名空间，互不影响。就像两个家庭里都有一个同名同姓的人"volume"，但是这两个"volume"都有自己的父母，他们是独立的，互不相干的，在自己的作用域内起作用。

那如果说想要在函数内修改全局变量的值，该怎么做呢？这就需要关键字 global 来进行说明了。

将上述程序在函数内增加一条语句，global volume，修改成如下代码：

```
volume = 1
def fun( Width,Depth ,Height):
    global volume
```

```
        volume = Width * Depth * Height    #该 volume 为全局变量
        print("函数内部输出立方体的体积为：",volume)
        return volume        #返回立方体的体积
w = eval(input("请输入立方体的长:"))
d = eval(input("请输入立方体的宽:"))
h = eval(input("请输入立方体的高:"))
fun( w,d,h)
print("函数外部输出立方体的体积为:",volume)
```

程序运行结果如图 5-6 所示。

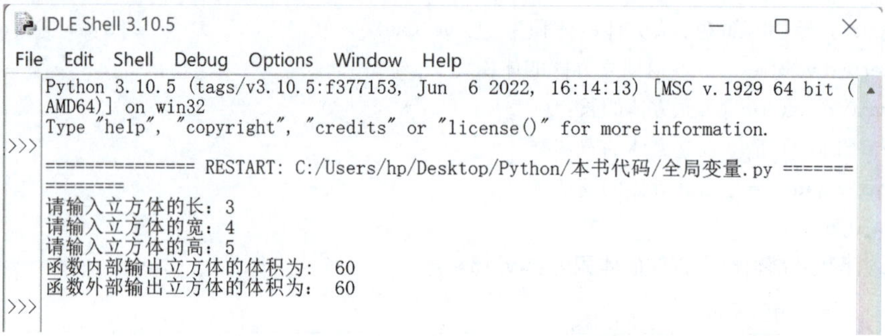

图 5-6 全局变量在函数内的使用

可以看出，使用了关键字"global"进行说明后，全局变量在函数内部进行了修改，在函数外部输出的也是修改后的值。

需要说明的是，全局变量的作用范围是整个程序，通过全局变量，能够建立整个程序共享数据的机制，但是不建议多用全局变量。因为全局变量的使用会降低软件的运行效率，使程序的调试、维护变得困难。

5.2 函数参数的传递方式

Python 函数定义非常简单，形式参数不需要进行类型说明，只要明确个数就可以了，同样返回值也不需要进行类型说明，这就给函数功能等带来了很大的灵活性，简化调用。

函数调用时，调用函数把实参的数据传递给被调用函数的形参。形参与实参之间传递数据的过程简称参数传递。不同的参数传递方式，系统处理的机制不同，对程序产生的作用和影响也不同。Python 函数的参数传递方式可分为多种形式，如按位置传递参数、按默认值传递参数、按参数名传递参数。

5.2.1 按位置传递参数

调用函数时，传入的实参按照位置顺序依次赋给形参，这样的传递方式称为按位置传递参数。在这种方式中，直接传入参数数据即可，要注意的是，如果有多个参数，个数以及位置先后顺序不能改变。如果变了，就会引起错误。

如有以下函数的定义和调用：

```
def fun(name,age):
    print("%s十年后的年龄为%d"%(name,age+10))
fun("小明",9)
```

程序运行结果如图 5-7 所示。

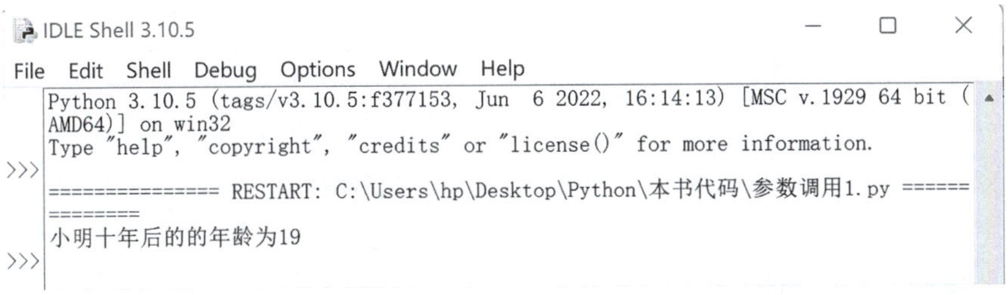

图 5-7　位置参数运行结果

在调用函数时，如果只给出一个参数，例如，fun("小明")，代码如下：

```
def fun(name,age):
    print("%s十年后的年龄为%d"%(name,age+10))
fun("小明")
```

则程序运行后出现如图 5-8 所示的错误提示。

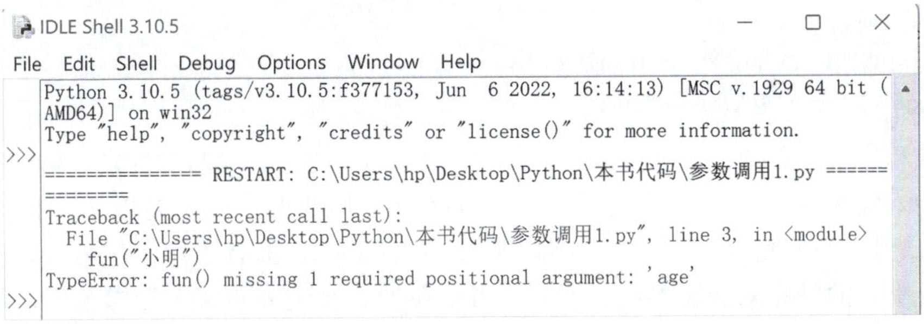

图 5-8　参数缺失的运行结果

从运行结果的错误提示可以看出，错误类型是 fun（）函数缺失了一个位置参数 age。如果在调用函数时，给出了两个参数，但是位置错误，例如，fun（9,"小明"），代码如下：

```
def fun(name,age):
    print("%s十年后的年龄为%d"%(name,age+10))
fun(9,"小明")
```

则程序运行后出现如图 5-9 所示的错误提示。

从运行结果的错误提示可以看出，错误类型 str 类型和 int 类型不能相连接。通过前面的学习，知道"+"可以将两个整型数相加，或者两个"str"型连接，但是一个 int 型和一个 str 型不能相加或者连接。

```
IDLE Shell 3.10.5
File  Edit  Shell  Debug  Options  Window  Help
Python 3.10.5 (tags/v3.10.5:f377153, Jun  6 2022, 16:14:13) [MSC v.1929 64 bit (
AMD64)] on win32
Type "help", "copyright", "credits" or "license()" for more information.
=============== RESTART: C:\Users\hp\Desktop\Python\本书代码\参数调用1.py ======
=========
Traceback (most recent call last):
  File "C:\Users\hp\Desktop\Python\本书代码\参数调用1.py", line 3, in <module>
    fun(9,"小明")
  File "C:\Users\hp\Desktop\Python\本书代码\参数调用1.py", line 2, in fun
    print("%s十年后的的年龄为%d"%(name,age+10))
TypeError: can only concatenate str (not "int") to str
```

图 5-9　参数位置错误的运行结果

5.2.2　按参数名传递参数

在默认情况下，实参与形参之间按位置和顺序对应一致的原则传递值。如果一个函数有多个参数，使用位置传递参数的方式。在调用时，可能会因混淆一个参数的位置而出错。所以，可以按形式参数名来传递参数，不用考虑参数传递的顺序，避免了用户需要牢记参数顺序的麻烦，使函数调用更加灵活、方便。

这种通过形式参数名赋值的方式传递参数称为按参数名传递参数。按参数名传递参数的程序示例如下：

```python
def fun(name,age,sex):
    print("%s的年龄为%d,性别是%s"%(name,age,sex))
fun(age = 9,sex = "男",name = "小明")
```

在该程序中，前两行定义了函数 fun，作用是输出姓名、年龄和性别。第三行是函数调用语句，实参均是赋值表达式形式，是直接通过形参的名字进行赋值。把 9 赋给了 age，把"男"的值赋给了 sex,"小明"赋值给 name，这里有了形参的名字，所以，就可以打乱默认的顺序来传递参数，不需要考虑位置，无论先给哪个形参赋值，都不会影响参数传递。

以上程序的运行结果如图 5-10 所示。

```
IDLE Shell 3.10.5
File  Edit  Shell  Debug  Options  Window  Help
Python 3.10.5 (tags/v3.10.5:f377153, Jun  6 2022, 16:14:13) [MSC v.1929 64 bit (
AMD64)] on win32
Type "help", "copyright", "credits" or "license()" for more information.
=============== RESTART: C:\Users\hp\Desktop\Python\本书代码\参数名传递.py =====
=========
小明的年龄为9，性别是男
```

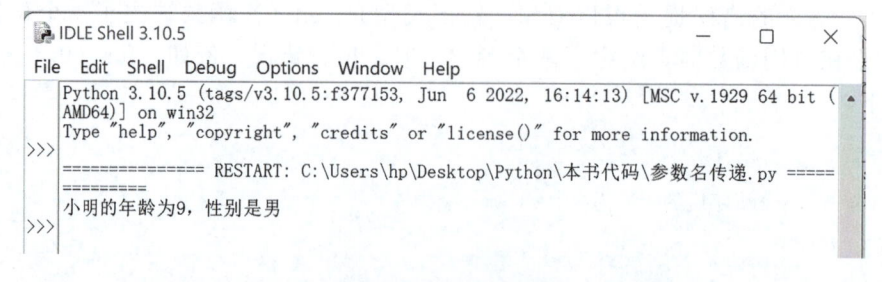

图 5-10　按参数名传递参数的程序运行结果

从运行结果可以看出，采用参数名传递参数的方式，可以克服参数传递对位置和顺序的依赖，增加函数调用的灵活性和准确性。

5.2.3 按默认值传递参数

在定义函数时，可以采用"形参名1=值1,形参名2=值2,……"的形式给参数指定默认值，这样的参数称为默认值参数。函数调用时，指定了默认值的参数可以提供参数，也可以不提供；没有指定默认值的参数必须提供参数。

需要注意的是，如果指定和未指定默认值的形参同时存在，那么所有指定默认值的参数必须放在右侧，未指定默认值的放在左侧，不可以混放，否则程序运行出错。

给参数赋一个初值，应用默认值参数的意义在于，若在函数调用时忘记了给函数参数赋值，函数就会自动去找它的初值，使用默认值来代替，函数调用不会出现错误。

指定默认值的函数定义及调用的代码如下。

```python
def fun(name,age,sex = "男"):
    print("%s的年龄为%d,性别是%s"%(name,age,sex))
fun("小明",9)
fun("小梅",9,"女")
```

在这个程序中，第1~2行是函数fun的定义，其中参数sex指定了默认值为"男"，name和age未指定。第3行是调用函数，但是只给了两个实参，分别对应了name和age这两个形参，sex未赋值，则使用默认值"男"。第4行的调用提供了3个参数，将"女"赋值给形参sex。运行结果如图5-11所示。

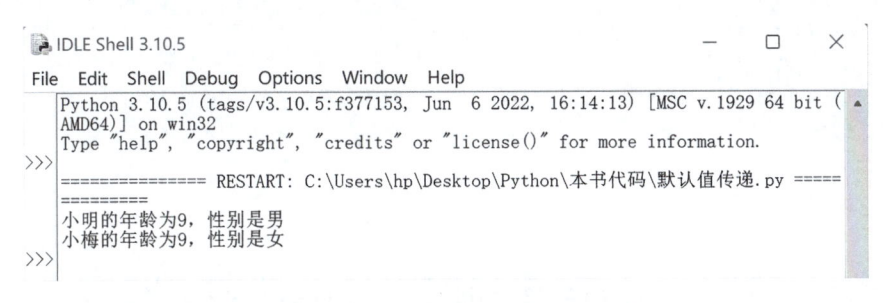

图5-11 默认参数传递的运行结果

从运行结果可以看出，函数调用时，对于默认参数如果没有提供实参，则使用默认值，如果提供了实参，则使用实际参数值。也就是说，在用函数时，是否为默认参数传递实参是可选的，具有较大的灵活性。

5.2.4 值传递和引用传递

关于参数传递，需要理解的是值传递和引用传递。Python的数据类型对象分为可变的和不可变的，主要的核心类型中，数字、字符串、元组、不可变集合是不可变的，列表、字典和可变集合是可变的。

如果实际参数是不可变对象，是值的传递；如果实际参数是可变对象，则是引用传递。当引用传递在函数内修改引用对象的值时，这个修改也会修改实际参数引用对象的值。但是如果在函数内又重新创建了对象，并且形式参数指向了新的对象，则不修改实际参数引用对象的值。

下面通过以下示例来进一步理解引用传递。

```
def fun(a):
    for i in range(len(a)):
        a[i] + = 1
        print(a[i],end = ' ')
list1 = [1,2,3,4]
for i in list1:
        print(i,end = ' ')
print()
fun(list1)
print()
for i in list1:
        print(i,end = ' ')
```

在这段程序中，定义了一个函数 fun（），作用是将 a 中的每一个元素加 1，然后输出。程序首先定义了一个列表 list1，然后将列表中的元素打印出来，再调用 fun（）函数，调用结束后再次输出 list1 中的元素。

运行结果如图 5-12 所示。

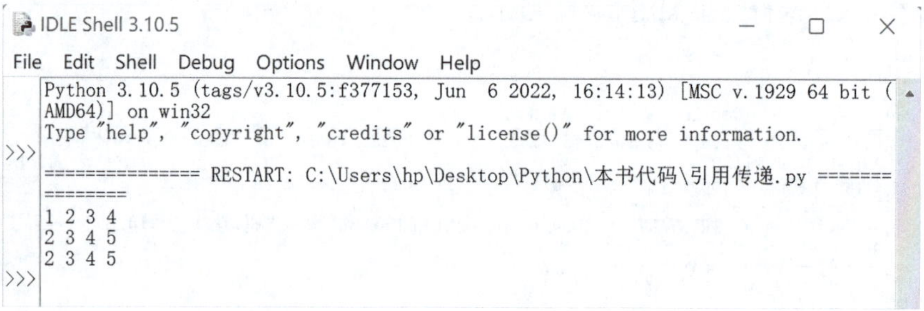

图 5-12 引用传递的运行结果

从结果可以看到，没有引用传递前，输出 list1 的值为 [1，2，3，4]。调用函数 fun（）时，实参为列表，是可变对象。通过引用传递，在 fun（）函数中修改了引用对象 a 的值为 [2，3，4，5]，那么实际参数引用对象 list1 的值也就改变了，为 [2，3，4，5]。

采用这种参数传递方式，形参和实参实质上是同一个对象，被调用函数对形参的操作是对调用函数中实参的操作。很显然，这种参数传递方式是以牺牲数据的安全性为代价，实现了调用函数与被调用函数共享了同一块内存空间。

5.3 函数的调用

定义函数的目的是简化代码，在需要的时候能随时调用。5.1.2 说明了函数调用的格式和基本步骤，在此介绍函数调用的两种特殊情况：嵌套调用和递归调用。

5.3.1 嵌套调用

在一个函数中又调用了另一个函数，这就是嵌套调用。如下代码：

```
def dif(a,b):
    return a-b
def cal(a,b):

    if a>b:
        c = dif(a,b)
    else:
        c = sum([a,b])
    return c
x = eval(input())
y = eval(input())
print("dif 函数的调用结果为",dif(x,y))
print("sum 函数的调用结果为",sum([x,y]))
print("cal 函数的调用结果为",cal(x,y))
```

在这段代码中，定义了两个函数，dif（）和 cal（）函数。dif（）用来求两数之差，cal（a，b）函数首先判断 a，b 的大小，若 a 大于 b，则求调用 dif（）函数求两数之差，否则调用 sum（）函数求两数之和。注意：这里的 sum（）为 Python 的内置函数，使用前不需要定义，也不需要通过 import 来导入。可以看到在 cal（）中调用了 dif（）函数或者是 sum（）函数，这就是在一个函数中又调用了另一个函数，为嵌套调用。

该程序的运行结果如图 5-13 所示。

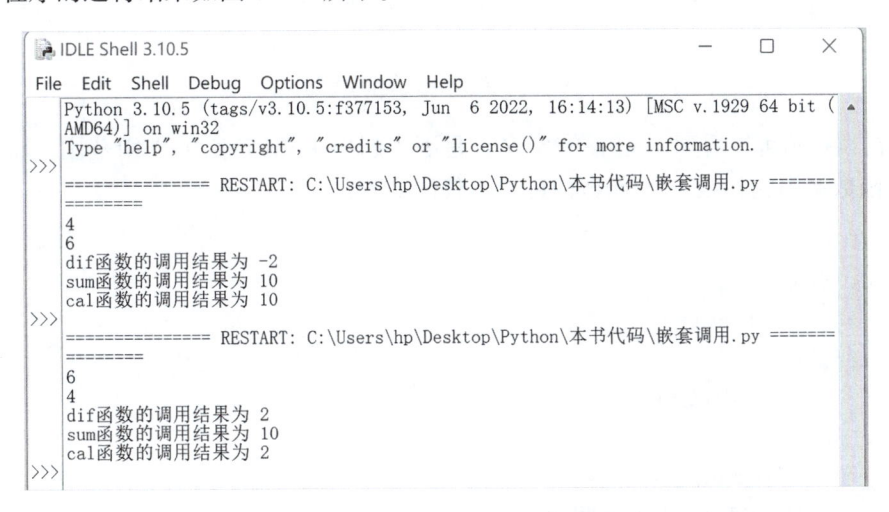

图 5-13　嵌套调用程序运行结果

另外，需要注意的是，Python 允许在函数内部创建另一个函数，这就是嵌套定义，这种函数叫内嵌函数或者内部函数。内嵌函数的作用域在其内部，如果内嵌函数的作用域超出了这个范围就不起作用。如下所示代码：

```
def cal(a,b):
    def dif(a,b):
        return a - b
    if a>b:
        c = dif(a,b)
    else:
        c = sum([a,b])
    return c
x = eval(input())
y = eval(input())
print("dif 函数的调用结果为",dif(x,y))
print("sum 函数的调用结果为",sum([x,y]))
print("cal 函数的调用结果为",cal(x,y))
```

在这段代码中，将 dif（）函数的定义放在了 cal（）函数中，那么这就称为嵌套定义，dif（）函数就是内嵌函数，其作用域在函数 cal（）内部，超出这个 cal（）函数，就不能调用了。所以，运行结果如图 5-14 所示。

```
IDLE Shell 3.10.5                                     —    □    ×
File Edit Shell Debug Options Window Help
Python 3.10.5 (tags/v3.10.5:f377153, Jun  6 2022, 16:14:13) [MSC v.1929 64 bit (
AMD64)] on win32
Type "help", "copyright", "credits" or "license()" for more information.
>>>
============ RESTART: C:\Users\hp\Desktop\Python\本书代码\嵌套定义.py ========
========
6
4
Traceback (most recent call last):
  File "C:\Users\hp\Desktop\Python\本书代码\嵌套定义.py", line 13, in <module>
    print("dif函数的调用结果为",dif(x,y))
NameError: name 'dif' is not defined. Did you mean: 'dir'?
>>>
```

图 5-14　嵌套定义的错误调用

从错误提示可以看到，dif 没有定义，是因为超出了 dif 定义的作用范围。将外部的 dif（）函数调用放到 cal（）函数内部后，代码如下：

```
def cal(a,b):
    def dif(a,b):
        return a - b
    if a>b:
        c = dif(a,b)
    else:
        c = sum([a,b])
    print("dif 函数的调用结果为",dif(x,y))
    return c
x = eval(input())
y = eval(input())
print("sum 函数的调用结果为",sum([x,y]))
```

```
print("cal 函数的调用结果为",cal(x,y))
```

运行结果如图 5-15 所示。

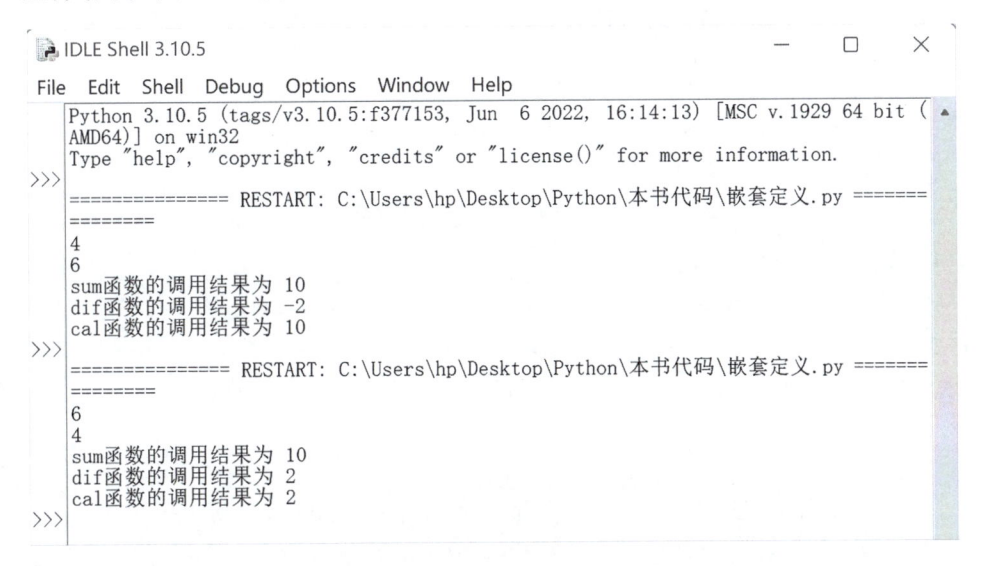

```
IDLE Shell 3.10.5                                          —    □    ×
File  Edit  Shell  Debug  Options  Window  Help
Python 3.10.5 (tags/v3.10.5:f377153, Jun 6 2022, 16:14:13) [MSC v.1929 64 bit (
AMD64)] on win32
Type "help", "copyright", "credits" or "license()" for more information.
>>>
=============== RESTART: C:\Users\hp\Desktop\Python\本书代码\嵌套定义.py ========
========
4
6
sum函数的调用结果为 10
dif函数的调用结果为 -2
cal函数的调用结果为 10
>>>
=============== RESTART: C:\Users\hp\Desktop\Python\本书代码\嵌套定义.py ========
========
6
4
sum函数的调用结果为 10
dif函数的调用结果为 2
cal函数的调用结果为 2
>>>
```

图 5-15 嵌套定义的正确调用

从运行结果可以很清楚地看到，先运行执行了主函数中 sum() 函数的输出，然后在调用 cal() 函数的过程中，输出了 dif() 函数的结果，最后执行了主函数中 cal() 函数的输出。

5.3.2 递归调用

前面讲到的函数调用都是调用的其他函数，如果函数在定义的时候调用了自身，那么这就称为递归。类似于剥洋葱，一层洋葱外皮底下包裹的又是一个洋葱。递归在数学和计算机应用上非常强大，能够非常简洁地解决重要问题。

阶乘的计算是一个典型的递归例子。

【实例 5-2】 设求阶乘的函数为 f(n)，5 的阶乘就是 f(5)。

分析发现：5! ＝5＊4＊3＊2＊1，其中 4! ＝4＊3＊2＊1，所以 5! ＝5＊4!，即 f(5) ＝5＊f(4)。

同理：4! ＝4＊3! 即 f(4) ＝4＊f(3)。

3! ＝3＊2! 即 f(3) ＝3＊f(2)。

2! ＝2＊1! 即 f(2) ＝2＊f(1)。

1! ＝1，即 f(1) ＝1。

这就是递归调用的第一个阶段：递推。通过拆解，每一次都是基于上一次进行下一次的执行，这叫递推。

递归必须有一个明确的结束条件，在这里结束条件就是当 n＝1 时，f(1) ＝1。

接下来就开始递归调用的第二个阶段：回溯。从最后往回返一级，这样一级一级地把值返回来。

f(2) ＝2＊f(1) ＝2＊1＝2。

f（3）＝3＊f（2）＝3＊2＝6。

f（4）＝4＊f（3）＝4＊6＝24。

f（5）＝5＊f（4）＝5＊24＝120。

根据分析过程，代码如下：

```
def fact(n):
    print(n)
    if n == 1:
        return 1
    else:
        return n * fact(n - 1)
print(fact(5))
```

运行结果如图 5-16 所示。

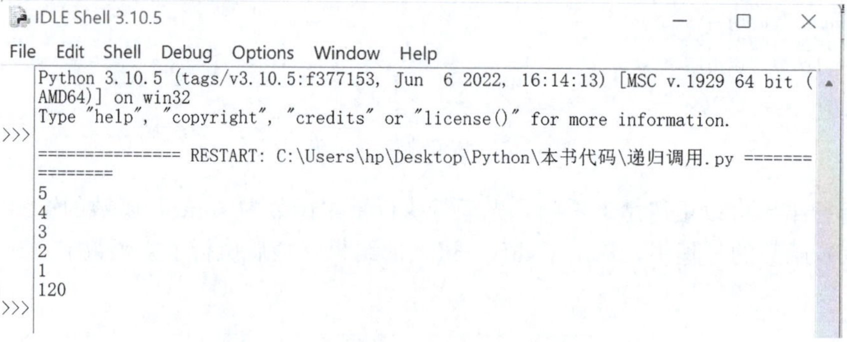

图 5-16　递归求阶乘的运行结果

要注意的是：使用递归调用，必须设置正确的返回条件，即有进去必须有回来。递归如果没有返回，会使程序崩溃，消耗掉所有内存。此外，递归效率不高，递归层次过多会导致栈溢出。在计算机中，函数调用是通过栈（stack）这种数据结构实现的，每当进入一个函数调用，栈就会加一层栈帧，每当函数返回，栈就会减一层栈帧。所以，递归调用的次数过多，会导致栈溢出。Python 默认递归深度 100 层（Python 限制）。

5.4　综合案例

学习了 Python 中的函数，包括函数的定义和调用、函数中的参数传递以及全局变量和局部变量。本节通过一个个综合案例分析函数的使用，通过分析案例、编写代码以及运行结果来加深对函数的理解。

【案例 5-1】 编程计算 $C_m^n = \dfrac{m!}{n!(m-n)!}$，通过调用函数来实现。

分析：该例为数学中非常重要的一个概念：组合数。从 m 个不同元素中每次取出 n 个不同元素，不管其顺序合成一组，称为从 m 个元素中不重复地选取 n 个元素的一个组合。所有这样的组合的种数称为组合数。通过计算公式发现：分别求出 $m!$，$n!$ 以及 $(m-n)!$，都是求阶乘。所以可以编写一个阶乘函数，调用该函数就可以实现。上面介绍了阶乘的递归调用，这里使用循环来实现阶乘的计算。

程序代码的实现：

```
def jc(t):
    p = 1
    for i in range(1,t+1):
        p = p * i
    return p
m,n = eval(input("请输入两个自然数,用逗号分隔:"))
if m<n:
    m,n = n,m
x = m - n
print("组合数的计算结果是:",int(jc(m)/(jc(n) * jc(x))))
```

运行结果如图 5-17 所示。

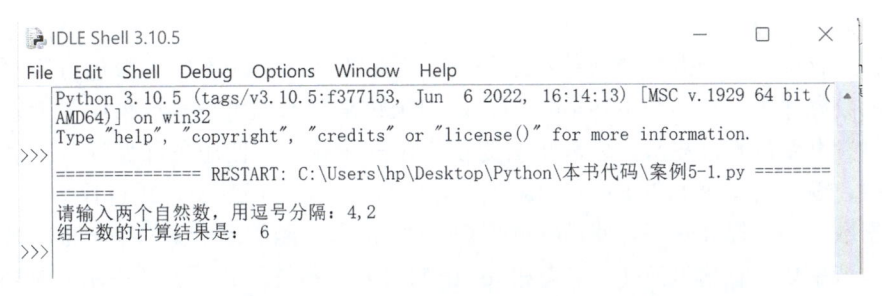

图 5-17　组合数的运行结果

【**案例 5-2**】　编写一个函数，从键盘上输入两个数，求最大公约数和最小公倍数，如果输入的第一个数小于第二个数时，需要交换。如：输入 16，24 调用函数显示 8，48。

分析：求最大公约数的方法有很多，这里使用了辗转相除法，又名欧几里得算法。它的具体做法是：

(1) 比较两个数，较大数为 m，较小数为 n。

(2) m%n 获得余数 r

(3) 若 r=0，则 n 即为最大公约数

(4) 若 r!=0，则 m=n，n=r，回去执行（2）。

程序代码的实现：

```
def gcd(m1,n1):
    r = m1 % n1
    while r! = 0:
        m1 = n1
        n1 = r
        r = m1 % n1
    return n1
m,n = eval(input("请输入两个自然数,用逗号分隔:"))
if m<n:
```

```
        m,n = n,m
print("最大的公约数:%d,最小的公倍数%d"%(gcd(m,n),m*n/gcd(m,n)))
```

运行结果如图 5-18 所示。

```
IDLE Shell 3.10.5                                      —    □    ×
File  Edit  Shell  Debug  Options  Window  Help
    Python 3.10.5 (tags/v3.10.5:f377153, Jun  6 2022, 16:14:13) [MSC v.1929 64 bit (
    AMD64)] on win32
    Type "help", "copyright", "credits" or "license()" for more information.
>>>
    ================ RESTART: C:\Users\hp\Desktop\Python\本书代码\案例5-2.py ========
    ======
    请输入两个自然数,用逗号分隔: 16,24
    最大的公约数: 8,最小的公倍数48
>>>
```

图 5-18　最大公约数和最小公倍数

【案例 5-3】 从键盘输入一个数,调用函数判断是否为素数。当按"回车"键时,结束程序。

分析:该题中对于素数的判断不是一次,而是要连续输入不同的数进行判断,所以将素数的判断作为一个函数 IsPrime (),调用函数来判断即可。这里采用了无返回值的函数,将判断结果直接在函数中输出。为了实现连续输入,使用条件循环,当输入的值不为空时,就一直调用 IsPrime () 函数。在 IsPrime (v) 函数中,通过枚举法来判断 v 是不是素数。为了提高效率,使用 math 库中的 sqrt () 函数求出 v 的平方根,减少循环的次数。特别要注意的是:else 语句和 for 语句对齐,不是和 if 对齐,表示的是当比 v 的平方根小的所有数都不能被 v 整除时,那么 v 就是素数。一旦有一个能整除,就说明 v 不是素数,这个时候就通过 break 退出循环,也不会执行 else 语句。

程序代码的实现:

```
import math
def IsPrime(v):
    m = int(math.sqrt(v) + 1)
    for i in range(2,m):
        if v%i = = 0:
            print("%d不是素数"%v)
            break
        else:
            print("%d是素数"%v)
n = input()
while n! = '':
    IsPrime(int(n))
    n = input()
```

运行结果如图 5-19 所示。

【案例 5-4】 编程用递归函数实现 1+2+3+4+…+n,并显示所求的和,其中 n 从键盘输入。

分析:该题要求使用递归函数来实现,定义函数 sum (n)。设 n=5,通过计算过程

```
IDLE Shell 3.10.5
File  Edit  Shell  Debug  Options  Window  Help
    Python 3.10.5 (tags/v3.10.5:f377153, Jun  6 2022, 16:14:13) [MSC v.1929 64 bit (
    AMD64)] on win32
    Type "help", "copyright", "credits" or "license()" for more information.
>>>
    ================ RESTART: C:\Users\hp\Desktop\Python\本书代码\案例5-3.py =========
    =====
    5
    5是素数
    6
    6不是素数
    7
    7是素数
    8
    8不是素数
    9
    9不是素数
    10
    10不是素数
    31
    31是素数
>>>
```

图 5-19　素数的判断

的分析，发现如下规律：

　　sum(5) = 1+2+3+4+5，其中 1+2+3+4 = sum(4)，即：sum(5) = sum(4)+5

　　同理：sum(4) = sum(3)+4

　　sum(3) = sum(2)+3

　　sum(2) = sum(1)+2

　　sum(1) = sum(0)+1

　　sum(0) = 0；很明显，这是递归结束的条件。

　　递归过程为：sum(n) = sum(n-1)+n

程序代码的实现：

```
def sum(n):
    if n == 0:
        return 0
    else:
        return sum(n-1) + n
n = eval(input("请输入 n 值:"))
print("1 + 2 + 3 + …… + %d 的和是:%d"%(n,sum(n)))
```

运行结果如图 5-20 所示。

```
IDLE Shell 3.10.5
File  Edit  Shell  Debug  Options  Window  Help
    Python 3.10.5 (tags/v3.10.5:f377153, Jun  6 2022, 16:14:13) [MSC v.1929 64 bit (
    AMD64)] on win32
    Type "help", "copyright", "credits" or "license()" for more information.
>>>
    ================ RESTART: C:\Users\hp\Desktop\Python\本书代码\案例5-4.py =========
    =====
    请输入n值：6
    1+2+3+……+6的和是：21
>>>
```

图 5-20　递归求和

第6章 Python模块

6.1 模块的概述

本书第 5 章详细介绍了函数的相关知识和调用方法等，然而对于一个复杂的程序，往往把很多函数分组，分别放到不同的文件里，这里的每个文件就是一个模块（Module）。

在 Python 中编写好一个模块后，可以在其他模块中直接调用，相同功能的代码不需要重复编写，有效地节约了时间、人力等资源。通过模块可以有逻辑地组织 Python 代码段，让代码更好用，更易懂。

Python 中虽然已经内置了许多功能模块，很多编程爱好者还编写了大量功能强大的第三方库，所以使用 Python 编程要比其他高级语言更方便快捷。此外，还可以自己定义编写模块，但是自定义模块时一定要注意，模块名不能和系统内置的模块名相同。

6.1.1 自定义模块

在 Python 中可以把一个文件".py"称为一个模块，也可以把一组不同功能的".py"文件组合成一个模块，每个模块在 Python 中都被看作一个独立的文件。

Python 模块实际上就是包含函数和类的 Python 程序，以".py"为扩展名，包含 Python 对象定义和 Python 语句，能定义变量、类和函数，也能包含可执行的代码。因此，自定义模块就是建立.py 程序文件。

【实例 6-1】创建一个模块，文件名为：jisuan.py，包含两个函数定义，一个函数名为 gcd()，实现的功能是返回两个正整数的最大公约数，一个函数名为 lcm()，其功能为返回两个正整数的最小公倍数。

代码如下：

```
def gcd(x,y):
    r = x % y
    b = y
    while r:
        a = b
        b = r
        r = a % b
    return b
def lcm(x,y):
    m = gcd(x,y)
    return int(x * y/m)
```

6.1.2 模块导入

要使用某个模块中的函数、方法和类等，需要先导入模块。

Python 提供以下三种导入模块的方式。不同的导入方式对于模块内函数、方法等的调用是有区别的，下面一一介绍。

1. 第一种导入方式

import 模块名

如果有多个模块，模块名之间用逗号","隔开。

语法如下：

import 模块 1 [，模块 2 [，... 模块 N]]

如导入 6.1.1 中自定义的模块 jisuan，代码如下：

```
import jisuan
```

导入模块后，就可以引用模块内的函数，语法格式如下：

模块名．函数名

例如，调用自定义的模块 jisuan 中的函数，代码如下：

```
jisuan.gcd(x,y)
jisuan.lcm(x,y)
```

编写完整的代码如下：

```
import jisuan
x = int(input("请输入第一个数:"))
y = int(input("请输入第二个数:"))
print("最大公约数:",jisuan.gcd(x,y))
print("最小公倍数:",jisuan.lcm(x,y))
```

这里需要注意的是：模块和程序要在同一个文件夹中。

运行结果如图 6-1 所示。

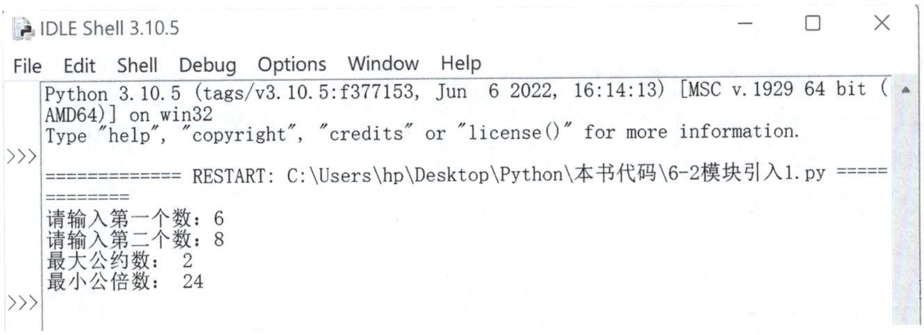

图 6-1 模块导入 1

从程序运行结果可以看出，通过 import jisuan 导入了 jisuan 模块，在程序中就可以直接调用 jisuan 模块中的函数了。但是在调用函数时，需要在函数前加上模块名。如果调用时不使用模块名，就会出现错误提示。

代码如下：

```
import jisuan
x = int(input("请输入第一个数:"))
```

```
y = int(input("请输入第二个数:"))
print("最大公约数:",jisuan.gcd(x,y))
print("最小公倍数:",lcm(x,y))
```

运行结果如图6-2所示。

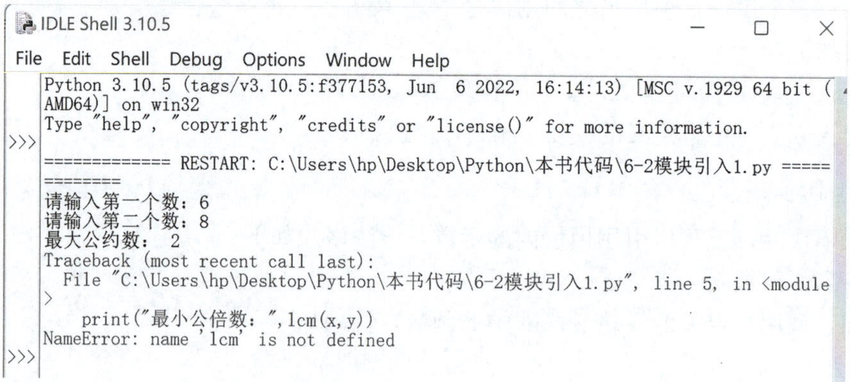

```
IDLE Shell 3.10.5
File Edit Shell Debug Options Window Help
Python 3.10.5 (tags/v3.10.5:f377153, Jun  6 2022, 16:14:13) [MSC v.1929 64 bit (
AMD64)] on win32
Type "help", "copyright", "credits" or "license()" for more information.
>>> 
============ RESTART: C:\Users\hp\Desktop\Python\本书代码\6-2模块引入1.py =====
========
请输入第一个数:6
请输入第二个数:8
最大公约数: 2
Traceback (most recent call last):
  File "C:\Users\hp\Desktop\Python\本书代码\6-2模块引入1.py", line 5, in <module
>
    print("最小公倍数: ",lcm(x,y))
NameError: name 'lcm' is not defined
>>> 
```

图6-2 模块导入2

从运行结果可以看出，第一个函数调用时使用了模块名，能正常运行，得出结果。第二个函数调用时出现错误提示，lcm没有定义，说明程序找不到lcm（）函数。如果不想每次调用函数时都写上模块名，可以使用下面的第二种导入方式。

2. 第二种导入方式

from 模块名 import 函数名

使用这种方法导入函数后，调用的时候可以直接通过函数名调用，不需要再加上模块名了。同样使用jisuan模块，编写代码如下：

```
from jisuan import gcd
from jisuan import lcm
x = int(input("请输入第一个数:"))
y = int(input("请输入第二个数:"))
print("最大公约数:",gcd(x,y))
print("最小公倍数:",lcm(x,y))
```

运行结果如图6-3所示。

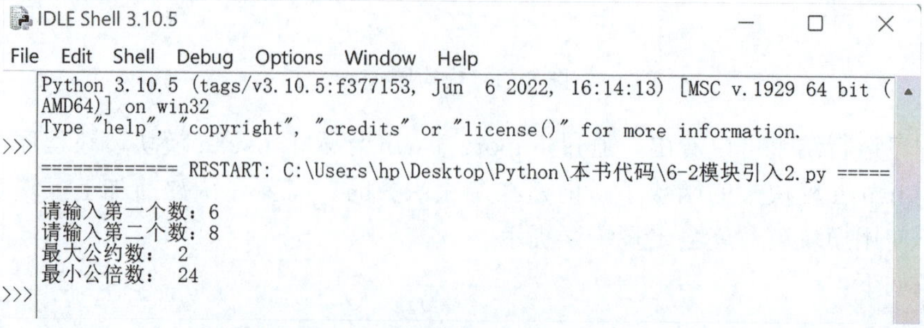

```
IDLE Shell 3.10.5
File Edit Shell Debug Options Window Help
Python 3.10.5 (tags/v3.10.5:f377153, Jun  6 2022, 16:14:13) [MSC v.1929 64 bit (
AMD64)] on win32
Type "help", "copyright", "credits" or "license()" for more information.
>>> 
============ RESTART: C:\Users\hp\Desktop\Python\本书代码\6-2模块引入2.py =====
========
请输入第一个数:6
请输入第二个数:8
最大公约数: 2
最小公倍数: 24
>>> 
```

图6-3 模块导入3

要注意的是，使用这种导入方法，一次只能导入一个函数，所以，使用几个函数就要导入几次。在本例中，gcd（）函数和 lcm（）函数需要分别导入，这样调用函数时就可以直接调用，不需要加上模块名了。

第二种导入方式还有一种形式：

from 模块名 import *

如果采用这种方式引入模块，模块中的所有函数可以直接通过函数名调用。代码如下：

```
from jisuan import *
x = int(input("请输入第一个数:"))
y = int(input("请输入第二个数:"))
print("最大公约数:",gcd(x,y))
print("最小公倍数:",lcm(x,y))
```

运行结果如图 6-4 所示。

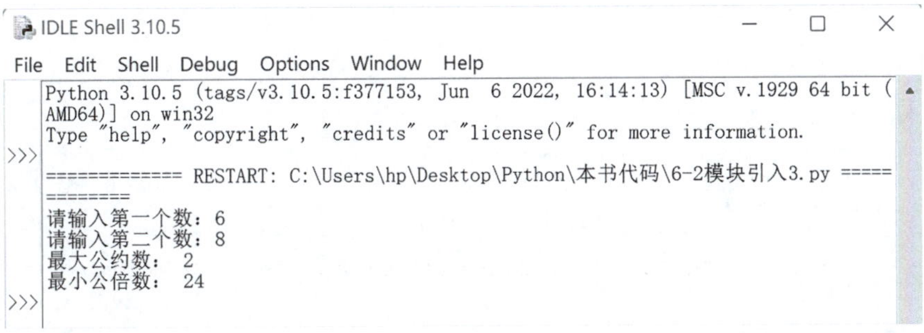

图 6-4　模块导入 4

从运行结果分析可以看出，通过 from jisuan import * 语句进行模块导入之后，所有的函数都能直接调用。

3. 第三种导入方式

import 模块名 as 新名字

这种导入模块的方法相当于给导入的模块名称重新起一个别名，便于记忆，在后续使用时可以通过别名直接调用模块中的函数即可。具体代码如下：

```
import jisuan as js
x = int(input("请输入第一个数:"))
y = int(input("请输入第二个数:"))
print("最大公约数:",js.gcd(x,y))
print("最小公倍数:",js.lcm(x,y))
```

运行结果如图 6-5 所示。

从代码和运行结果可以看出，模块引入时使用了别名，整个模块中的所有函数都可以调用，调用函数时通过别名加上函数名即可。

要注意的是，模块引入时使用了别名后，使用模块中的函数时，要加上模块的别名，如果使用模块名，会引起错误提示。代码如下：

113

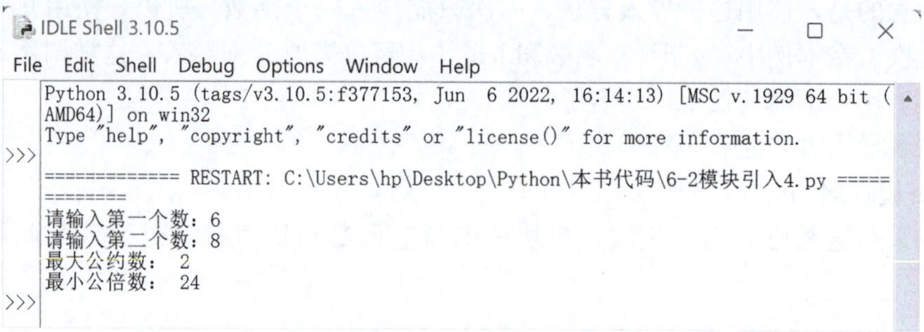

图 6-5 模块导入 5

```
import jisuan as js
x = int(input("请输入第一个数:"))
y = int(input("请输入第二个数:"))
print("最大公约数:",js.gcd(x,y))
print("最小公倍数:",jisuan.lcm(x,y))
```

运行结果如图 6-6 所示。

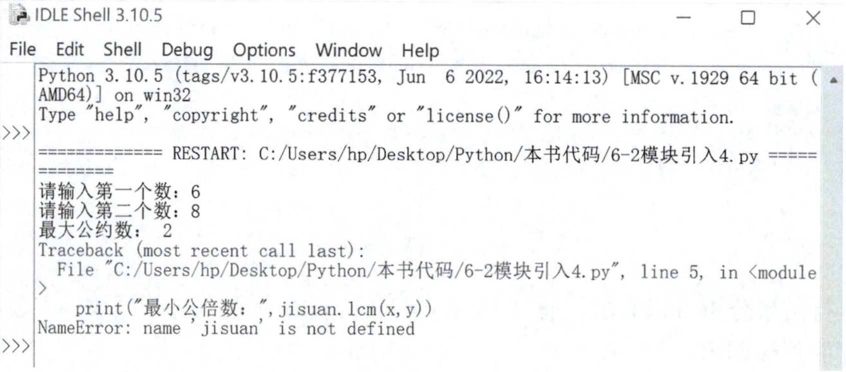

图 6-6 模块导入 6

从运行结果可以看出，第一个函数调用时使用了别名，能正确运行。第二个函数的调用使用了原来的模块名，就出现了错误提示，jisuan 未定义。

同样的，函数调用时如果不写模块的别名，也会引起错误，找不到函数。代码如下：

```
import jisuan as js
x = int(input("请输入第一个数:"))
y = int(input("请输入第二个数:"))
print("最大公约数:",js.gcd(x,y))
print("最小公倍数:",lcm(x,y))
```

运行结果如图 6-7 所示。

从运行结果可以看出，调用 gcd 函数时，有模块别名，可以正常使用。调用 lcm() 函数时，没有写模块别名，就出现了错误提示：lcm 未定义。

第 6 章　Python 模块

```
IDLE Shell 3.10.5                                    —   □   ×
File  Edit  Shell  Debug  Options  Window  Help
Python 3.10.5 (tags/v3.10.5:f377153, Jun  6 2022, 16:14:13) [MSC v.1929 64 bit (
AMD64)] on win32
Type "help", "copyright", "credits" or "license()" for more information.
>>>
============ RESTART: C:/Users/hp/Desktop/Python/本书代码/6-2模块引入4.py ======
======
请输入第一个数：6
请输入第二个数：8
最大公约数： 2
Traceback (most recent call last):
  File "C:/Users/hp/Desktop/Python/本书代码/6-2模块引入4.py", line 5, in <module
>
    print("最小公倍数：",lcm(x,y))
NameError: name 'lcm' is not defined
>>>
```

图 6-7　模块导入 7

6.2　Python 常用的内置模块

Python 语言内置了众多模块，这些模块提供了丰富的函数和工具，使得开发者能够更高效地实现各种功能。其中，math 库、random 库和 turtle 库是几个常用的模块，它们各自具有广泛的应用场景。接下来，我们深入了解这些模块的使用方法。

6.2.1　math 库

math 库是 Python 提供的内置数学类函数库，提供了众多数学函数和常量，用于进行各种数学运算。math 库仅支持整数和浮点数运算，不支持复数类型。math 库一共提供了四个数学常数和四十四个函数。四十四个函数共分为四类，包括：十六个数值表示函数、八个幂对数函数、十六个三角对数函数和四个高等特殊函数。

math 库中函数数量较多，在学习过程中只需要记住个别常用函数即可，实际需要使用时，可以随时查看 math 库进行参考。

下面演示 math 库中几个常用函数。

```
>>> import math
>> math.pi                   #返回圆周率,值为 3.141592653589793
3.141592653589793
>> math.fabs(-6)             #返回绝对值,值为浮点数,为 6.0
6.0
>> math.fmod(8,6)            #返回 8 与 6 的模,值为浮点数,为 2.0
2.0
>> math.fsum([1,2,3])        #返回列表中元素和,值为浮点数,为 6.0
6.0
>> math.ceil(3.2)            #向上取整,返回不小于 3.2 的最小整数,值为整数,为 4
4
>> math.floor(3.2)           #向下取整,返回不大于 3.2 的最大整数,值为整数,为 3
3
```

115

```
>> math.factorial(3)         #返回3的阶乘,值为6
6
>> math.gcd(4,8)             #返回两数的最大公约数,值为4
4
>> math.pow(2,3)             #返回2的3次幂,值为浮点数,为8.0
8.0
>> math.sqrt(9)              #返回9的平方根,值为浮点数,为3.0
3.0
>> math.sin(30)              #返回弧度值为30的正弦函数值
-0.9880316240928618
```

6.2.2　random库

随机数在计算机应用中十分常见，Python 内置的 random 库主要用于产生各种随机数，包括随机小数、随机整数，还有随机从数据集中取数据，常用于模拟实验、随机抽样等场景。例如，可以使用 random.randint() 函数生成指定范围内的随机整数，使用 random.choice() 函数从列表中随机选择一个元素等。注意："["是包含的意思，")"是不包含，类似数学中的闭区间和开区间。

下面介绍并演示 random 库中几个常用的函数。

（1）random() 函数。可生成 [0.0, 1.0) 之间的随机小数。

```
>>> from random import *
>>> random()
0.5661195743536819
>>> random()
0.816642286283448
```

注意，两次 random() 语句执行后的结果是随机的，不一定一样。

（2）randint（a，b）函数。可生成 [a, b] 之间的整数。

```
>>> randint(1,100)
65
>>> randint(1,100)
5
```

同样，两次 randint（1，100）语句执行后的结果也是随机的。

（3）randrange（start，stop [，step]）函数。可生成一个 [start，stop) 之间以 step 为步长的随机整数。

```
>>> randrange(1,100,2)
53
>>> randrange(1,100,2)
5
```

可以看到，randrange（1，100，2）返回的是从1开始到100以2为步长的随机整数，其结果可以看成是100以内的随机奇数。

(4) uniform（a，b）函数。可生成一个［a，b］之间的随机小数。

```
>>> uniform(1,10)
5.358206304157051
>>> uniform(1,10)
4.123400689804364
```

可以看出，uniform（1，10）返回的是 1～10 之间的随机小数。

(5) choice（seq）函数。从序列类型，如列表中随机返回一个元素。

```
>>> ls=[1,2,3,4,5,6]
>>> choice(ls)
2
>>> choice(ls)
6
```

从列表 ls 中随机返回一个元素，每次返回值不一定相同。

(6) seed（）函数。初始化随机数种子，默认值为当前系统时间。

从前面随机函数的使用过程发现，每次生成的随机数都是不一样的，如果想要生成一样的随机数，可以使用 seed（）函数指定随机数种子。随机数种子一般是一个整数，只要种子相同，每次生成的随机数序列也相同。这种情况便于测试和同步数据。

编写代码如下：

```
from random import *
ls=[]
for i in range(10):
    ls.append(randint(0,10))
print(ls)
```

运行结果如图 6-8 所示。

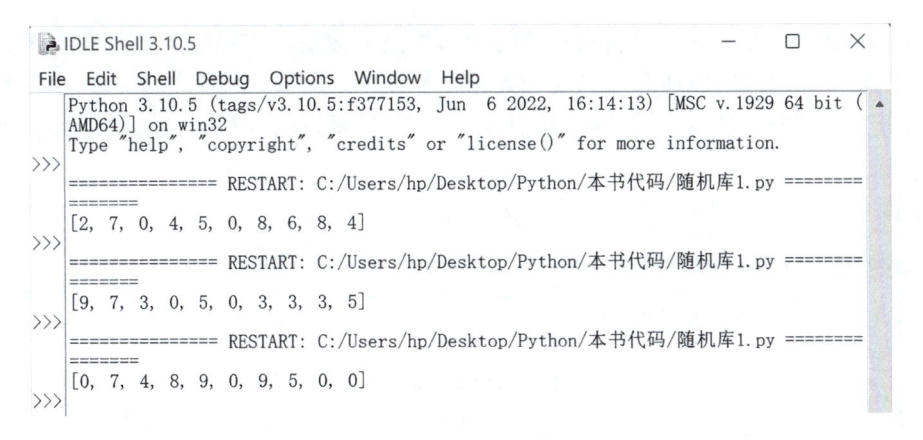

图 6-8　随机函数的使用 1

这里运行了三次，每一次得到的随机数都不一样，如果想得到一样的随机数，可以使用 seed（）函数。

代码如下：

```
from random import *
ls = []
seed(123)
for i in range(10):
    ls.append(randint(0,10))
print(ls)
```

在这段代码中，指定了随机数种子赋值为123。

运行结果如图6-9所示。

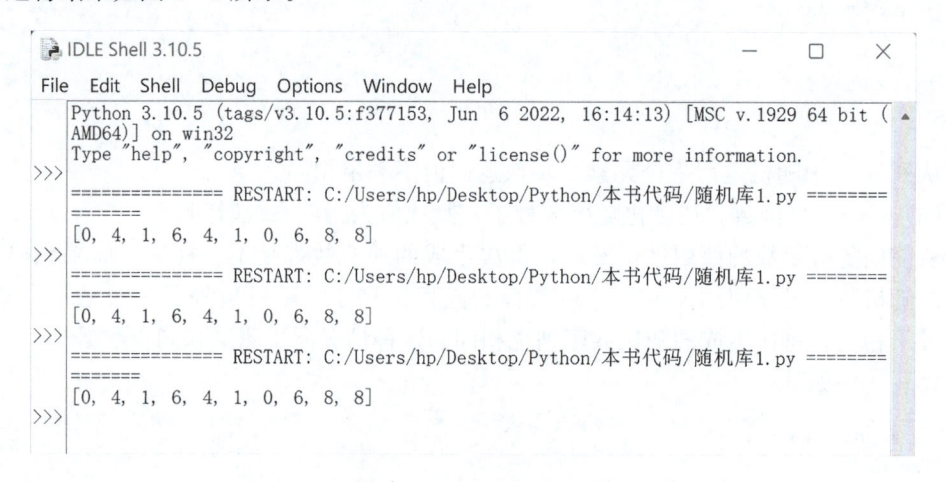

图6-9 随机函数的使用2

这里也运行了三次，结果得到的序列都是一样的。

6.2.3 turtle库

Python的turtle库是一个直观有趣的图形绘制函数库，它提供了各种绘图函数和工具，可以轻松地创建出各种图形和动画效果。使用turtle库，可以想象一只小乌龟，在一块画布上，根据一组函数指令的控制来爬行，在它爬行的路径上绘制出了各种形状和图案。

下面介绍turtle库中常用的几类函数。

1. 画布设置函数

turtle.setup（width，height，startx，starty）：设置画布的宽度、高度和起始位置。画布的高度和宽度以像素为单位，起始位置是距窗口左上角的x坐标和y坐标。默认为屏幕中心。具体如图6-10所示。

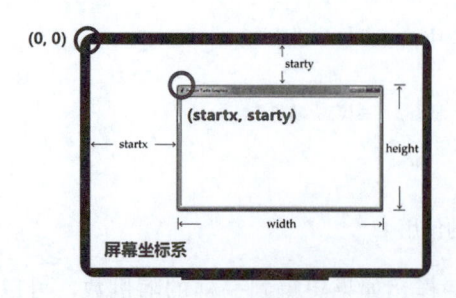

图6-10 屏幕坐标系

使用turtle库前，首先需要理解的是画布中的绘图坐标体系。turtle库的绘图坐标体系是一个以画布中心为原点（0，0）的二维坐标系。向右为x轴正方向，向上为y轴正方向。

每个单位通常代表一个像素。在这个坐标系中，turtle 库中的海龟（turtle）起始位置会在原点，然后按照给定的命令移动和绘制图形。具体如图 6-11 所示。

2. 画笔属性函数

turtle.pencolor（color）：设置画笔颜色。color 参数可以是一个颜色字符串，如"red""blue""green"等，或者是一个包含三个整数（分别代表红色、绿色和蓝色的分量）的元组，范围通常是 0~255。

turtle.pensize（width）：设置画笔宽度。width 参数指定了线条的宽度，是一个非负整数。

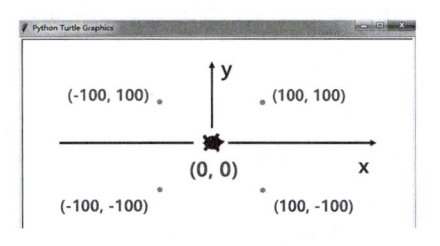

图 6-11 画布的二维坐标体系

turtle.shape（shape）：设置画笔的形状。shape 参数可以使用 turtle 库提供的一些预定义的形状，包括'arrow'（箭头）、'circle'（圆）、'classic'（经典）、'square'（正方形）、'triangle'（三角形）和'turtle'（小海龟）。还可以使用 turtle.register_shape（）函数来注册自定义的形状或导入的图片作为画笔的形状。

3. 画笔运动函数

turtle.penup（）或 turtle.pu（）：抬起画笔，移动海龟时不绘制线条。

turtle.pendown（）或 turtle.pd（）：放下画笔，移动海龟时绘制线条。

turtle.forward（distance）：海龟向前移动指定的距离 distance。

turtle.backward（distance）：海龟向后移动指定的距离 distance。

turtle.goto（x，y）：将海龟移动到指定的坐标位置（x，y）。

turtle.right（angle）：海龟向右（顺时针）转动指定的角度 angle。

turtle.left（angle）：海龟向左（逆时针）转动指定的角度 angle。

turtle.setheading（angle）或 turtle.seth（angle）：设置当前海龟的朝向，即其面向的方向。angle 参数是一个数值，表示海龟朝向的角度，以度为单位。角度是相对于海龟的初始朝向（通常是向右的方向，即 0 度）来计算的。

turtle.circle（radius，extent=None）：海龟以 radius 指定半径画圆，extent 参数可以限制绘制圆的部分。

画笔控制函数

turtle.fillcolor（colorstring）：绘制图形的填充颜色。

turtle.color（color1，color2）：同时设置 pencolor=color1，fillcolor=color2。

turtle.filling（）：返回当前是否在填充状态。

turtle.begin_fill（）：准备开始填充图形。

turtle.end_fill（）：填充完成。

turtle.hideturtle（）：隐藏画笔的 turtle 形状。

turtle.showturtle（）：显示画笔的 turtle 形状。

4. 其他函数

turtle.done（）：结束绘图，等待用户关闭窗口。

turtle.clear（）：清空 turtle 窗口，但是 turtle 的位置和状态不会改变。

turtle.reset（）：清空窗口，重置 turtle 状态为起始状态。

turtle. undo ()：撤销上一个 turtle 动作。

turtle. isvisible ()：返回当前 turtle 是否可见。

【实例 6-2】 使用 turtle 库来绘制一个红色等边三角形。

代码如下：

```
import turtle
t = turtle.Turtle()           # 创建一个新的 turtle 对象
t.pencolor("red")             # 设置画笔的颜色为红色
t.forward(100)                # 海龟向前移动 100 个单位
t.left(120)                   # 海龟向左转 120 度
t.forward(100)                # 海龟向前移动 100 个单位
t.left(120)                   # 海龟向左转 120 度
t.forward(100)                # 海龟向前移动 100 个单位
t.left(120)                   # 海龟向左转 120 度
turtle.done()                 # 结束绘图,等待用户关闭窗口程序运行如图所示。
```

在这个例子中，首先设置画笔的颜色为红色，先向前移动 100 个单位，然后向左转 120 度，然后再次向前移动 100 个单位，依次类推，直到绘制出一个完整三角形。

运行结果如图 6-12 所示。

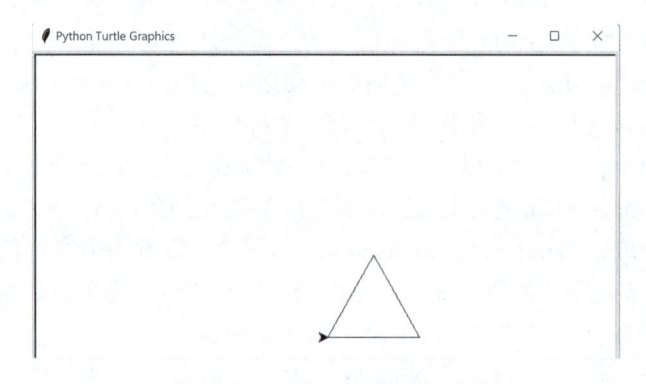

图 6-12　画三角形的运行结果

6.3　综合案例

math 库、random 库和 turtle 库是 Python 中常用的内置模块，本节通过一些案例的演示，能够帮助读者更好地掌握这些模块的使用技巧，更深入地了解这些模块的使用方法和应用场景。

【案例 6-1】 用 turtle 库绘制等腰梯形，底边长 180，腰长 80，底角 60 度，线条粗 6 像素，颜色为蓝色。

分析：根据等腰梯形的定义，底边长 180，腰长 80，底角 60 度，计算等腰梯形的上边长为 $180-2*80*\cos(60°)$，这里需要使用到 math 库中里的 cos 函数，但是 math 库中里的 cos 函数的参数为弧度，本题中需要将角度转化为弧度。根据角度（D）和弧度（R）的转换公式：$R=D*(\pi/180)$，可以得到 $R=60*\pi/180$。这里又需要用到 math

库中的 pi 常量函数。所以，导入模块时，要导入 math 库和 turtle 库。

程序代码的实现：

```
import turtle
import math
turtle.pensize(6)
turtle.pencolor("blue")
turtle.fd(180)
turtle.left(120)
turtle.fd(80)
turtle.left(60)
R = 60 * math.pi/180
turtle.fd(180 - 2 * 80 * math.cos(R))
turtle.left(60)
turtle.fd(80)
```

运行结果如图 6-13 所示。

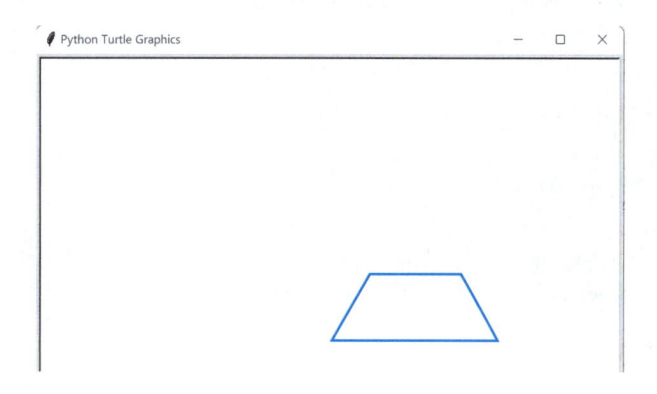

图 6-13　梯形的运行结果

【**案例 6-2**】　使用 math 库来计算圆的面积。

分析：根据圆面积的公式：$S=\pi r^2$，其中 S 代表圆的面积，r 代表圆的半径，π 是一个常数，r 需要从键盘输入，π 可以使用 math 库中的 pi 常数函数，r^2 可以使用 math 库中的幂函数 pow 函数。

程序代码的实现：

```
import math
radius = float(input("请输入圆的半径："))
area = math.pi * math.pow(radius,2)
print("半径为%.2f的圆的面积是%.2f"%(radius,area))
```

运行结果如图 6-14 所示。

【**案例 6-3**】　使用 random 库来生成一个 1~100 的随机整数，并完成猜数的小游戏。用户输入一个数，提示输入的数和随机数之间的大小，直到用户猜对为止。

分析：首先使用 random 库的 randint 函数生成一个 1~100 之间的随机整数。通过循

图 6-14　圆面积的运行结果

环，提示用户输入一个猜测的数字，并检查它是否比随机生成的数字大、小或相等。

程序代码的实现：

```
import random
key = random.randint(1,100)
n = 0
while True:
    guess = int(input("请猜一个 1 到 100 之间的整数："))
    n + = 1
    if guess < key:
        print("太小了,再试一次!")
    elif guess > key:
        print("太大了,再试一次!")
    else:
        print("恭喜你,你在%d次尝试后猜对了!" % n)
        break
```

运行结果如图 6-15 所示。

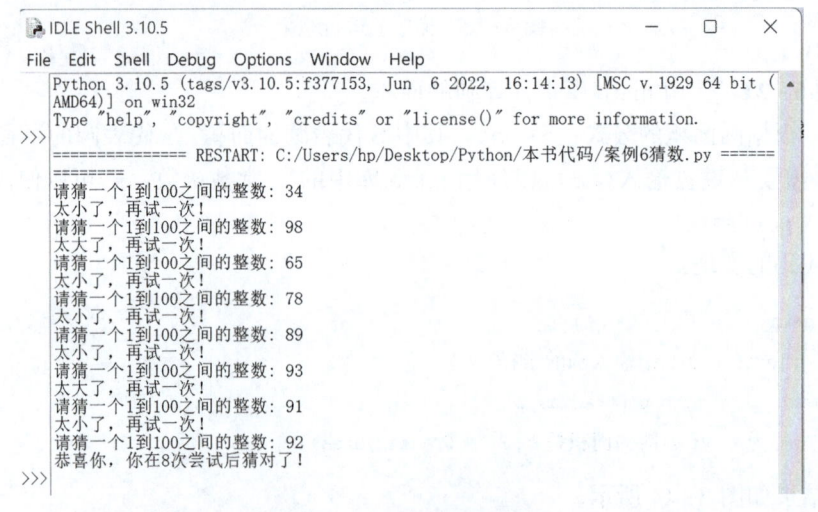

图 6-15　猜数的运行结果

第 7 章
Python错误和异常

7.1　Python 错误与异常概述

在 Python 编程中，难免遇到错误和异常。正确理解和处理它们仅有助于用户编写更健壮的代码，也有助于快速地定位和解决问题。

在 Python 中，错误可以分为两种主要类型：语法错误（Syntax Errors）和异常（Exceptions）。

语法错误是由于代码不符合 Python 语法规则而导致的错误。这些错误在程序运行之前就会被检测到，因为 Python 解释器无法正确解析这些代码。常见的语法错误包括缺少括号、缩进错误、拼写错误等，这也是初学者经常犯的一些错误。

以下是一些常见的 Python 语法错误示例：

（1）缺少括号：

```
print("Hello World"    # 缺少右括号
```

（2）缺少冒号：

```
if x>5       # 缺少冒号
    print("x is greater than 5")
```

（3）缩进错误：

```
for i in range(5):
print(i)           # 缩进错误
```

（4）拼写错误：

```
my_variable = 10
print(my_varaible)   # 变量名拼写错误,my_varaible 和 my_variable 不一致
```

（5）不匹配的引号：

```
print('Hello World")   # 单引号和双引号不匹配
```

当然，如果语法正确，Python 代码运行后也会产生错误，这种错误叫逻辑错误（Logic Errors）。逻辑错误是在程序执行过程中，代码的逻辑不符合预期导致程序产生错误的情况。逻辑错误通常是由于程序员的编程逻辑错误导致的，而不是语法问题。

【实例 7-1】　计算平均值时应该累加所有元素，但是漏掉了一个元素。

```
numbers = [10,20,30,40,50]
total = 0
for i in range(0,4):       # 漏掉列表中的最后一个元素"50"
    total + = numbers[i]
# 计算平均值
average = total / len(numbers)
print("平均值:",average)
```

总之，无论是哪种错误，都会导致程序运行出现问题。将程序运行期间检测到的错误称为异常，如果异常不被处理，程序默认的处理方式是直接崩溃。

7.1.1 异常的概念

Python 异常是指在程序运行中所产生的错误，即代码在无法正常执行的情况下就会产生异常。这个异常可以是 Python 内置的异常类型，也可以是开发者自定义的异常类型。

当程序中发生错误时，Python 会创建一个异常对象。如果这个异常对象未被处理或捕获，Python 将停止执行程序，并显示一个错误消息。反之，如果异常被程序捕获并处理完成，程序可以继续执行。

7.1.2 异常的类型

Python 中有很多不同类型的异常，每种异常都代表着不同的错误情况。以下是几种常见的 Python 异常。

ZeroDivisionError：除数为 0。
NameError：尝试访问未定义的变量。
TypeError：数据类型错误。
IndexError：列表、元组等序列中的下标超出范围。
KeyError：尝试访问字典中不存在的键。
IOError：输入/输出错误。
ValueError：传递给函数的参数类型正确但值无效。
ImportError：无法导入模块或包。

在 Python 中，所有的异常都是派生自 BaseException 类的实例，BaseException 是所有异常的基类。

Python 中的异常是指在程序运行时出现的错误，这些错误可能导致程序崩溃或产生不可预期的结果。Python 提供了一种机制来处理这些错误，即异常处理机制。

7.1.3 异常的捕获

Python 中的异常处理机制使用 try/except 语句来捕获和处理异常。try/except 语句用来检测 try 语句块中的错误，让 except 语句捕获异常信息并处理。

下面介绍 try/except 语句的四种模式：try /except 语句；try/except/finally 语句；try/except/else 语句；try（with）/except 语句。

1. try/except 语句

try/except 语句的一般形式如下：

try：

    代码块

except ExceptionType [as reason]：

    异常处理代码块

在上述语法中，try，except，as 为关键字。"代码块"属于 try 语句的检测范围，这块代码可能产生异常；"except"后面指定具体的异常类型 ExceptionType，"as reason"为可选，reason 是异常类实例化后的对象名，这样做的好处是方便在 except 块中调用异常类型，比如输出详细的异常信息等；"异常处理代码块"是出现异常后如何处理的代码。

一个 try/except 语句可以包含多个 except 子句，分别来处理不同的特定的异常。也就是说，Python 解释器会根据发生的异常，根据对应的异常类型来选择对应的 except 块来处理。语法格式如下：

try:
    代码块
except ExceptionType1 [as reason1]:
异常 1 处理代码块
except ExceptionType2 [as reason2]:
异常 2 处理代码块
…

try/except 语句工作流程如下：

（1）执行 try 子句（在关键字 try 和关键字 except 之间的代码块语句）。

（2）如果没有异常发生，则忽略 except 子句，try 子句执行后结束。

（3）如果在执行 try 子句的过程中发生了异常，那么 try 子句余下的部分将被忽略。如果异常的类型和 except 之后的名称相符，那么对应的 except 子句将被执行。如果异常没有与任何的 except 匹配，那么这个异常将会传递给上层的 try 中。如果与上层的指定异常类型匹配，则异常被处理；否则异常继续上传，直到程序的最上层，停止程序，报错输出出错信息。

【**实例 7-2**】 输入两个数字，计算两数相除的结果。

代码如下：

```
try:
    num1 = int(input("Enter the first number: "))
    num2 = int(input("Enter the second number:"))
    result = num1 / num2
    print(result)
except ZeroDivisionError:
    print("Error: Cannot divide by zero")
except ValueError:
    print("Error: Invalid input")
```

程序运行时，输入的除数为 0，就会发生异常，输出相应的错误提示如下：

```
Enter the first number: 23
Enter the second number: 0
Error: Cannot divide by zero
```

程序运行时，输入的除数为 0，就会发生异常，输出相应的错误提示如下：

```
Enter the first number:zhang
Error:Invalid input
```

当不确定在 try 语句块中会出现哪一种异常的时候，可以在 except 后面不跟具体的异常名字。语法表示如下：

try：
  代码块

except：
  发生异常时，执行这块代码

但这不是一个很好的方式，因为这种方式的 try/except 语句将捕获所有发生的异常，不能通过该程序识别出具体的异常信息。

另外，如果要对多个异常进行统一的处理，可以采用如下语法格式：

try：
  代码块

except（Exception1，Exception2，Exception3，…）：
  异常处理代码块

在上述语法中，多个异常之间用逗号","隔开。把上面的程序代码改成上述语法格式：

```
try:
    num1 = int(input("Enter the first number:"))
    num2 = int(input("Enter the second number:"))
    result = num1 / num2
    print(result)
except (ZeroDivisionError,ValueError) as e:
    print("Error:Cannot divide by zero,or Invalid input")
    print(e)
```

程序运行结果示例，多种类型的异常统一输出提示。如下：

```
Enter the first number:1
Enter the second number:0
Error:Cannot divide by zero,or Invalid input
division by zero
```

2. try/except/ finally 语句

使用 finally 块来定义无论异常是否发生都会执行的代码。通常用于释放资源等必要的操作。语法格式如下：

try：
  代码块

except ExceptionType [as reason]：
  异常处理代码块

finally：
  无论是否发生异常都会被执行的代码

在上述语法中，一旦检测到 try 语句块中有异常，程序就会根据异常类型跳转到 except 处执行对应异常类型的处理代码，最后再跳转到 finally 处执行里面的代码。如果在 try 语句块中没有检测到任何异常，程序在执行完 try 语句块里的代码后，跳过 except 中的语句块，跳转到 finally 处执行里面的代码。

再将上面的示例代码改变一下，代码如下：

```
try:
    num1 = int(input("Enter the first number:"))
    num2 = int(input("Enter the second number:"))
    result = num1 / num2
    print(result)
except ZeroDivisionError:
    print("Error: Cannot divide by zero")
finally:
    print("程序结束")
```

程序运行结果示例：输入的除数为 0，程序发生异常，仍执行 finally 块的代码。代码如下：

```
Enter the first number: 1
Enter the second number: 0
Error: Cannot divide by zero
程序结束
```

程序运行结果示例：没发生异常，仍执行 finally 块的代码。代码如下：

```
Enter the first number: 5
Enter the second number: 4
1.25
程序结束
```

3. try/except/else 语句

使用 else 块来定义如果没有异常时要执行的代码。语法格式如下：

```
try:
    代码块
except ExceptionType [as reason]:
    异常处理代码块
else:
    没有异常时被执行的代码
```

在上述语法中，一旦检测到 try 语句块中有异常，程序就会根据异常类型跳转到 except 处执行对应异常类型的处理代码。如果在 try 语句块中没有检测到任何异常，程序在执行完 try 语句块里的代码后，跳转到 else 处执行里面的代码。

把上面的示例代码改动一下，代码如下：

```
try:
```

```
        num1 = int(input("Enter the first number："))
        num2 = int(input("Enter the second number："))
        result = num1 / num2
        print(result)
except ZeroDivisionError：
        print("Error：Cannot divide by zero")
except ValueError：
        print("Error：Invalid input")
else：
        print("程序运行正常")
finally：
        print("程序结束")
```

程序运行结果示例，没有发生异常，执行 else 块的代码，如下：

```
Enter the first number：2
Enter the second number：5
0.4
程序运行正常
程序结束
```

4. try（with）/except 语句

with 语句会自动管理资源的打开和关闭，无须手动处理。所以，Python 中的 with 语句用于异常处理时，相当于封装了 try/except/finally 编码模式，提高了易用性。with 语句使代码更清晰、更具可读性，它简化了文件等公共资源的管理。语法格式如下：

try：

with < > as name：

代码块

exceptExceptionType [as reason]：

异常处理代码块

在语法中可见，with 语句出现在 try 语句块中，一般情况下就不用再写 finally 语句块了，减少了代码量。比如当我们对文件操作时忘记了关闭文件操作，则 with 语句会自动执行关闭文件操作。示例如下：

```
try：
    with open('file.txt','r') as file：
        #对文件进行操作
except FileNotFoundError：
    print("文件未找到")
except Exception as e：
    print("发生异常：",e)
```

with 语句用于管理资源，确保在代码块结束时资源被正确释放，比如文件操作中自动关闭文件。在上面的示例中，with open ('file.txt', 'r') as file：打开一个文件并将其赋值给 file 变量，在 with 代码块结束时文件会自动关闭。如果在 with 代码块中发生异常，异常会被传递到 except 块中进行处理。在 except 块中，可以根据具体的异常类型进行不同的处理，这里使用了 FileNotFoundError 和通用的 Exception 作为示例。

7.2 Python 自定义异常

在 Python 中，用户可以通过继承内置的异常类或其他自定义的异常类来创建自己的异常类，从而实现自定义异常捕捉和处理。

创建一个自定义的异常类，如下所示：

class MyError（Exception）：
  """ 自定义异常类"""
  def __init__（self，message）：
    self.message=message

定义了一个名为 MyError 的自定义异常类，它继承了内置的 Exception 类，并重写了 __init__ 方法，该方法接受一个参数 message，用于传递异常描述信息。在实际使用时，可以通过创建 MyError 类的实例来抛出自定义异常，使用关键字 raise 来抛出自定义的异常。例如：raise MyError（" 这是一个自定义的异常"）。需要注意的是，在自定义异常类时，应该选择适当的异常类型，保证异常的语义明确和精准，这样易于理解异常的含义，方便调试和修复程序。

【实例 7-3】 一个使用自定义异常的示例。

代码如下：

```
class MyCustomError(Exception):
    def __init__(self,message = "发生自定义异常"):
        self.message = message
        super().__init__(self.message)


#使用自定义异常类
x = 10
try:
    if x > 5:
        raise MyCustomError("x 不能大于 5")
except MyCustomError as e:
    print("捕获到自定义异常:",e)
```

运行结果如下：

```
=============
捕获到自定义异常：x 不能大于 5
```

在［实例 7-3］中，定义了一个名为 MyCustomError 的自定义异常类，它继承自内置的 Exception 类。在 MyCustomError 类中，定义了一个构造函数 __init__，用于初始化异常消息。然后，在代码中，如果满足某个条件（例如 x > 5），就会抛出自定义的异常类 MyCustomError。通过自定义异常类，可以根据具体的业务逻辑和需求定义不同类型的异常,使代码在出现异常时更具信息性和可读性。这有助于提高代码的可维护性和调试效率。

7.3 综 合 案 例

下面以一个身体健康评估的小程序作为实验案例,通过该案例来加深使用者对如下知识的理解:

try/except 语句使用。

Python 内置异常的捕获与处理。

使用 raise 语句主动抛出异常。

自定义异常,以及自定义异常的捕获与处理。

【案例 7-1】 定义一个名为 ValueTooSmallError 的自定义异常类,用于表示值过小的情况。异常类中包含了值和最小值的信息,并在初始化时生成异常消息。

分析:定义了一个示例函数 divide_numbers(x,y),用于演示除法操作。在这个函数中,我们检查除数 y 是否小于 5,如果是,则抛出 ValueTooSmallError 异常。最后,在主代码块中,调用 divide_numbers() 函数多次,其中一次传入的除数 y 小于 5,触发自定义异常。在 try−except 块中捕获并处理这个自定义异常,输出相应的错误信息。

程序代码如下:

```python
#自定义异常类
class ValueTooSmallError(Exception):
    """自定义异常:值过小"""
    def __init__(self,value,minimum):
        self.value = value
        self.minimum = minimum
        self.message = f"值 {self.value} 太小,必须大于等于 {self.minimum}"
        super().__init__(self.message)
#定义函数
def divide_numbers(x,y):
    if y<5:
        raise ValueTooSmallError(y,5)
    return x / y
#使用自定义异常类
try:
    result = divide_numbers(10,2)
    print("结果:",result)

    result = divide_numbers(10,3)
    print("结果:",result)

    result = divide_numbers(10,4)    #这里会触发异常
```

```
        print("结果:",result)
except ValueTooSmallError as e:
        print("捕获到自定义异常:",e)
```

运行结果如图 7-1 所示。

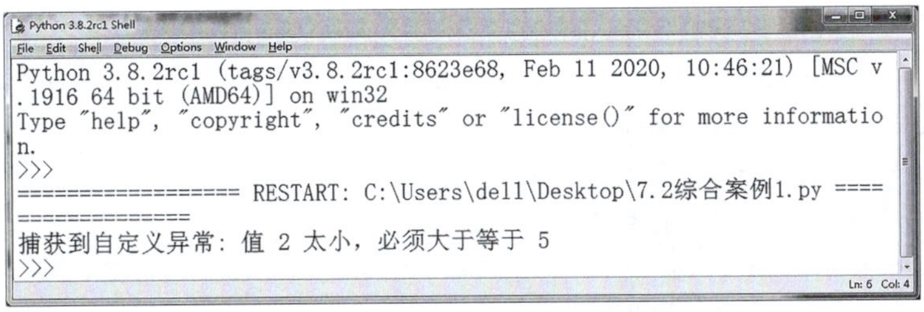

图 7-1　[案例 7-1] 程序运行结果

【案例 7-2】　程序要求用户输入名字、身高和体重，然后计算 BMI，打印最终的 BMI 和评估结果。

分析：main() 函数使用 try/except/else 语句控制流程。如果输入的身高或体重不是数字，将会产生 ValueError 异常。如果输入的身高为 0，将会产生 ZeroDivisionError 异常。如果名字长度太长或身高过高，将会产生自定义异常 MyError。如果没有产生异常，将会执行 else 分支，计算 BMI 指数并评估，然后显示结果。

程序代码如下：

```
class MyError(Exception):
    """自定义异常类"""
    def __init__(self,message):
        self.message = message
def calculate_bmi(height,weight):
    """计算 BMI 指数 """
    return weight / height ** 2
def evaluate_bmi(bmi):
    """bMI 评估 """
    if 18.5<= bmi<= 24.9:
        return "健康"
    if bmi>= 25:
        return "超重"
    return "偏轻"
def main():
    try:
        name = input("请输入您的名字:")
        length = len(name)
        if length> 20:
            raise MyError("名字长度不能大于 20")
        height = float(input("请输入您的身高(米):"))
        if height == 0:
```

```
            raise ZeroDivisionError
        if height >2.5:
            raise MyError("输入身高过高,请检查是否输入正确")
    weight = float(input("请输入您的体重(公斤):"))
    except ValueError as error:
        print("异常触发 ValueError ")
        print(error)
    except ZeroDivisionError:
        print("异常触发 ZeroDivisionError ")
        print("身高不能为 0")
    except MyError as e:
        print("异常触发 MyError ")
        print(e)
    else:
        bmi = round(calculate_bmi(height,weight),1)
        evaluation = evaluate_bmi(bmi)
        print(f"{name}:")
        print(f"您的 BMI 指数是：{bmi}")
        print(f"您的评估结果是：{evaluation}!")
main()
```

正常运行结果如图 7-2 所示，异常情况运行结果如图 7-3 所示。

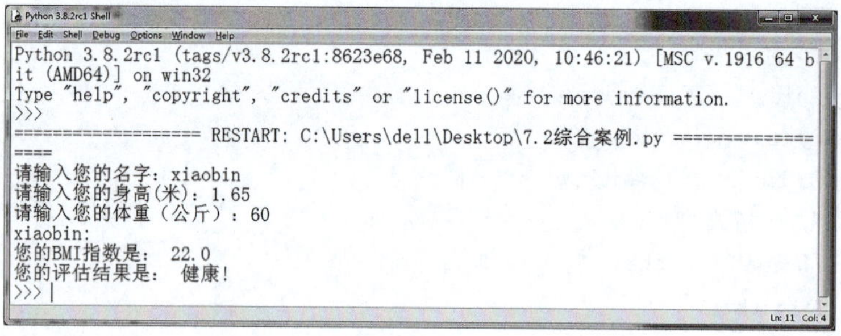

图 7-2　[案例 7-2]正常运行结果

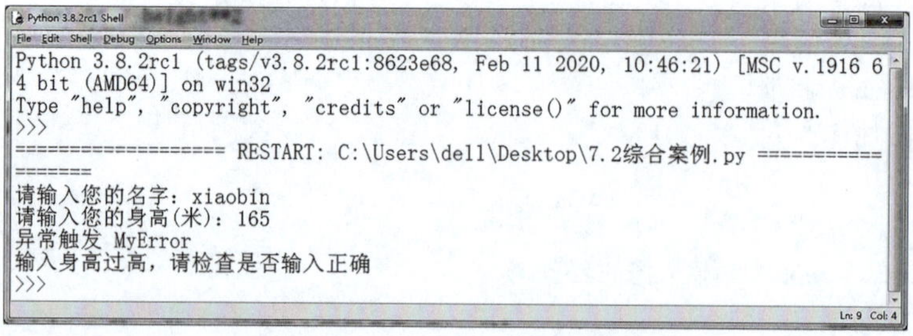

图 7-3　[案例 7-2]异常情况运行结果

第 8 章

Python数据分析及数据可视化

8.1 数据分析概述

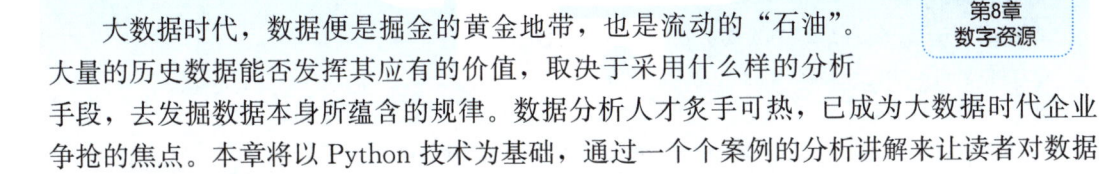

大数据时代,数据便是掘金的黄金地带,也是流动的"石油"。大量的历史数据能否发挥其应有的价值,取决于采用什么样的分析手段,去发掘数据本身所蕴含的规律。数据分析人才炙手可热,已成为大数据时代企业争抢的焦点。本章将以 Python 技术为基础,通过一个个案例的分析讲解来让读者对数据分析的过程达到定性的认识。

数据分析包括:数据清洗、数据合并、数据转换和数据存储等。

8.2 科学计算库 NumPy

NumPy 是 Python 开源的数值计算扩展工具,它提供了 Python 对多维数组的支持,能够支持高级的维度数组与矩阵运算。此外,针对数组运算也提供了大量的数学函数库。NumPy 是大部分 Python 科学计算的基础,它具有以下功能:快速高效的多维数据对象 ndarray;高性能科学计算和数据分析的基础包;多维数组(矩阵)具有矢量运算能力,快速且节省空间;矩阵运算;无须循环即可完成类似 Matlab 中的矢量运算;线性代数、随机数生成以及傅里叶变换功能。

NumPy 中最重要的一个特点就是其 N 维数组对象,即 ndarray(别名 array)对象,该对象具有矢量算术能力和复杂的广播能力,可以执行一些科学计算。不同于 Python 标准库,ndarray 对象拥有对高维数组的处理能力,这也是数值计算中缺一不可的重要特性。

8.2.1 NumPy 数组与 list 的区别

list 在第 4 章重点介绍过,其实 NumPy 数组与列表(list)比较类似,是具有相同类型的多个元素构成的整体,但是它们有很多的区别,下面通过比较来阐述它们之间的区别。下面代码是在 Jupyter Notebook 窗口输入和调试。

1. 创建方式不同

list 是 Python 中基础的数据类型,不用引入任何库包,直接使用"[]"创建即可(例如 list_1=[1,2,3]);ndarray 是 NumPy 函数库中的函数,在使用 array 时需要导入 NumPy 库,具体代码如下。

```
a=[1,2,3]                          #创建列表
a
[1,2,3]
import numpy as np                 #导入 numpy 库
array_1 = np.array([1,2,3])        #创建数组
array_1
array([1,2,3])
```

2. 存储对象不同

列表可以存储任何的对象，包括：数字、字符串、数组和字典等；而数组只能存储同一种数据类型，如果不是同一种数据类型，系统就会强制转换，优先级是字符串＞浮点型＞整型。具体代码如下。

```
import numpy as np
array_1 = np.array([1,2,'3',4.0])        #不同的数据类型
print(type(array_1[1]))
print(type(array_1[3]))
<class'numpy.str_'>                      #输出结果中,都强制转换成了字符串
<class'numpy.str_'>
```

3. 数值计算不同

在进行数值运算时，ndarray 可以直接进行数值乘法，而 list 需要使用列表推导式或循环来实现，具体代码如下。

```
a = [1,2,3]
result = [x * 2 for x in a]              #使用循环来实现
print(result)
[2,4,6]
```

```
import numpy as np
array_1 = np.array([1,2,3])
result = 2 * array_1
print(result)
[2 4 6]
```

列表的相加表示连接，而数组的相加表示数组的加法运算，具体代码如下。

```
list_1 = [1,2,3]
list_2 = [4,5,6]
print(list_1 + list_2)
[1,2,3,4,5,6]                            #输出结果
```

```
import numpy as np
array_1 = np.array([1,2,3])
array_2 = np.array([4,5,6])
print(array_1 + array_2)
[5 7 9]                                  #输出结果
```

4. 运行效率不同

当处理大规模数据或进行复杂的数值计算时，数组通常比列表具有更高的运行效率。这是因为数组在内存布局和操作方式上进行了优化，以提供高效的数值计算和向量化操作。下面通过下面的程序来说明数据的效率。

```
import time
```

```
my_list = list(range(1,10 * * 6 + 1))         #产生1~10⁶的列表
start_time = time.time()
sum_of_squares = sum([x * * 2 for x in my_list])   #求列表的平方和
   end_time = time.time()
   execution_time = end_time - start_time
print("列表计算平方和的执行时间:",execution_time,"秒")
列表计算平方和的执行时间: 0.2519993782043457 秒     #输出结果显示


import numpy as np
import time
my_array = np.arange(1,10 * * 6 + 1)
start_time = time.time()
sum_of_squares = np.sum(my_array * * 2)
end_time = time.time()
execution_time = end_time - start_time
print("数组计算平方和的执行时间:",execution_time,"秒")
数组计算平方和的执行时间: 0.003091096878051758 秒      #输出结果
```

可以看到，在计算相同的平方和时，使用 NumPy 数组的执行时间和使用列表的执行时间都不是一个量级。这是因为 NumPy 数组进行了优化，可以利用底层语言实现和并行计算来加速数值运算。

总之，列表适用于存储不同类型的元素和进行一般的数据操作，而数组适用于存储相同类型的元素并进行高效的数值计算和向量化操作。具体选择使用哪种数据结构取决于任务的需求和性能要求。

8.2.2 NumPy 数组的创建

NumPy 提供了多种方法来创建数组，一些常用的方式如下。

（1）使用 np.array() 函数：可以使用 np.array() 函数将 Python 列表或元组转换为 NumPy 数组，这种方法上面介绍过，不再重复。

```
importnumpy as np
array_1 = np.array([1,2,3,4,5])            #通过列表创建一维数组
array_2 = np.array([(1,2,3),(4,5,6)])      #通过元组创建二维数组
```

（2）使用 np.zeros() 函数：可以使用 np.zeros() 函数创建指定形状的全零数组，见下面代码。

```
import numpy as np
arr = np.zeros((3,4))            # 创建一个形状为(3,4)的全零数组
print(arr)                       #输出结果
[[0. 0. 0. 0.]
 [0. 0. 0. 0.]
 [0. 0. 0. 0.]]
```

(3) 使用 np. ones () 函数：可以使用 np. ones () 函数创建指定形状的全一数组，见下面代码。

```
import numpy as np
arr = np. ones((2,3))          # 创建一个形状为(2,3)的全一数组
print(arr)                     # 输出结果
[[1. 1. 1.]
 [1. 1. 1.]]
```

(4) 使用 np. arange () 函数：可以使用 np. arange () 函数创建一个等差数列数组，arange 函数和 range 函数用法相似，见下面代码。

```
import numpy as np
arr1 = np. arange(10)          # 创建一个从 0~9 的等差数列数组
arr2 = np. arange(1,10,2)      # 创建一个从 1~9 的等差数列数组,步长为 2
print(arr1)                    # 输出结果
print(arr2)
    [0 1 2 3 4 5 6 7 8 9]
[1 3 5 7 9]
```

(5) 使用 np. linspace () 函数：可以使用 np. linspace () 函数创建一个等间隔数列数组。np. linspace () 是 NumPy 库中用于创建等间隔数列的函数。它的语法如下：

np. linspace（start，stop，num＝50，endpoint＝True，retstep＝False，dtype＝None）

参数说明：

start：数列的起始值。

stop：数列的结束值。

num：生成的数列中的元素个数，默认为 50。

endpoint：布尔值，表示是否包含 stop 值。如果为 True，则数列包含 stop 值；如果为 False，则数列不包含 stop 值。默认为 True。

retstep：布尔值，表示是否返回数列的步长。如果为 True，则除了返回数列，还会返回数列的步长；如果为 False，则只返回数列。默认为 False。

dtype：生成数列的数据类型，默认为 None，即使用默认的数据类型。

生成数的计算公式为（stop－start）/（num－1）

具体例子代码如下：

```
import numpy as np
arr1 = np. linspace(0,1,5)   # 创建一个从 0~1 之间的等间隔的 5 个数的数组
arr2 = np. linspace(0,11,11) # 创建一个从 0~1 之间的等间隔的 11 个数的数组
print(arr1)
print(arr2)
[0.    0.25 0.5   0.75 1.   ]
[ 0.    1.  2.2  3.3  4.4  5.5  6.6  7.7  8.8  9.9 11. ]
```

(6) 使用随机数生成函数：NumPy 提供了多个随机数生成函数，可以用来创建包含随机数的数组。

1) np. random. randint（）是 NumPy 库中用于生成指定范围内的随机整数或整数数组的函数。它的语法如下：

np. random. randint（low，high＝None，size＝None，dtype＝int）

参数说明：

low：生成随机整数的最小值（包含）。

high：生成随机整数的最大值（不包含）。如果不指定该参数，则生成的随机整数范围是从 0 到 low。

size：生成的随机整数数组的形状。可以是整数、元组或 None。如果是整数，则生成一维数组；如果是元组，则生成对应形状的数组；如果是 None，则返回一个随机整数。

dtype：生成随机整数数组的数据类型。默认为 int。

例如：

```
import numpy as np
arr = np. random. randint(0,10,size = (3,3))   #生成一个形状为(3,3)的随机整数数组
#(0~9 之间)
print(arr)                                      #输出为 3 行 3 列二维数组
[[2 2 4]
 [0 5 3]
 [7 6 1]]
```

2) np. random. rand（）是 NumPy 库中用于生成指定形状的 0~1 之间（包含 0 但不包含 1）的随机数数组的函数。它的语法如下：

np. random. rand（d0，d1，...，dn）

参数说明：

d0，d1，...，dn：生成随机数数组的各个维度的大小。

例如：

```
import numpy as np
arr = np. random. rand(3,3)  # 生成一个形状为(3,3)的随机数数组
print(arr)           #生成一个 3 行 3 列的二维数组
[[0. 78903875 0. 40602803 0. 4616561 ]
[0. 83012287 0. 07930093 0. 04706109]
[0. 90416126 0. 94536197 0. 22840618]]
```

8.2.3 NumPy 数组的使用

NumPy 数组可以通过索引和切片的方式进行访问，从而可以使用数组中的元素。

（1）使用索引访问单个元素是通过指定元素的位置来获取数组中的值。在 NumPy 中，索引从 0 开始，表示数组中的第一个元素。

【实例 8-1】 使用索引访问单个元素。

代码如下：

```
import numpy as np
arr = np.array([1,2,3,4,5])
print(arr[0])    #访问第一个元素,输出：1
print(arr[2])    #访问第三个元素,输出：3
1
3
```

在［实例8-1］中，arr［0］表示访问数组arr的第一个元素，输出为1。同样，arr［2］表示访问数组arr的第三个元素，输出为3。

对于多维数组，可以使用逗号分隔的索引来访问不同维度的元素。例如：

```
import numpy as np
arr = np.array([[1,2,3],[4,5,6],[7,8,9]])
print(arr[0,0])    #访问第一个元素,输出：1
print(arr[1,2])    #访问第二行第三列的元素,输出：6
1
6
```

上面的程序中，arr［0，0］表示访问数组arr的第一行第一列的元素，输出为1。arr［1，2］表示访问数组arr的第二行第三列的元素，输出为6。通过指定适当的索引，可以访问NumPy数组中的任何单个元素。请注意，索引必须在数组的有效范围内，否则会引发索引错误。

（2）使用切片（slicing）的方式可以访问数组的子数组（即一部分连续的元素）。切片操作使用冒号（：）来指定起始索引、终止索引和步长。

【实例8-2】 使用切片访问数组。

代码如下：

```
import numpy as np
arr = np.array([1,2,3,4,5])
print(arr[1:4])    # 访问索引为1~3的元素,输出：[2,3,4]
[2 3 4]
```

在［实例8-2］中，arr［1：4］表示访问数组arr的索引从1~3的元素（不包括索引4），输出为［2，3，4］。

切片操作也适用于多维数组。可以在每个维度上使用切片来选择子数组。例如：

```
import numpy as np
arr = np.array([[1,2,3],[4,5,6],[7,8,9]])
print(arr[:,1])     # 访问第二列的所有元素,输出：[2,5,8]
print(arr[1:,:2])   # 访问第二行及之后的所有行的前两列,输出：[[4,5],[7,8]]
[2 5 8]
[[4 5]
 [7 8]]
```

在上面的程序中，arr［：，1］表示访问数组arr的所有行的第二列，输出为［2，5，8］。arr［1：，：2］表示访问数组arr的第二行及之后的所有行的前两列，输出为［［4，

5]，[7，8]]。

通过使用合适的起始索引、终止索引和步长，可以选择数组中的特定部分。请注意，切片操作是左闭右开的，即包括起始索引，但不包括终止索引。如果省略起始索引或终止索引，将默认使用合适的默认值，如从开始或到结尾。切片的使用方法可以参看在第4章的列表使用。

（3）也可以使用 for 循环访问数组的每个元素，示例如下：

```
import numpy as np
arr = np.array([1,2,3,4,5])
for element in arr:          #逐个输出数组 arr 中的元素：
    print(element,end = ")
1 2 3 4 5
```

上述代码是访问一维数组。对于多维数组，可以使用嵌套的 for 循环来逐个访问每个元素。例如：

```
import numpy as np
arr = np.array([[1,2,3],[4,5,6]])
for row in arr:                 #访问行
    for element in row:         #行中的每个元素
        print(element,end = ")
```

也可以写成如下的访问方式：

```
import numpy as np
arr = np.array([[1,2,3],[4,5,6]])
for i in range(0,2):            #使用 range 函数控制行数
    for j in range(0,3):        #使用 range 函数控制列数
        print(arr[i,j],end = ")
1 2 3 4 5 6
```

（4）删除 Numpy 数组。在 NumPy 中，可以使用 np.delete() 函数来删除数组中的元素。该函数的语法如下：np.delete(arr，obj，axis=None)，其中，arr 是要删除元素的数组，obj 是要删除的元素的索引或切片，axis 是指定删除的轴，值为 0 表示沿行的方向，值为 1 表示沿列的方向，对于更高维度的数组，可以通过增加轴的编号来指定其他轴，默认为 None，表示展开数组后删除。

下面是一些示例来演示如何使用 np.delete() 函数删除 NumPy 数组中的元素：

1）删除一维数组中的单个元素：

```
import numpy as np
arr = np.array([1,2,3,4,5])
new_arr = np.delete(arr,2)      #删除索引为 2 的元素
print(new_arr)                  #输出结果
[1 2 4 5]
```

2）删除二维数组中的元素：

```python
import numpy as np
arr = np.array([[1,2,3],[4,5,6],[7,8,9]])
new_arr = np.delete(arr,1,axis=0)    # 删除索引为 1 的行,axis=0 沿行方向
print(new_arr)        # 输出结果
[[1 2 3]
 [7 8 9]]
```

```python
import numpy as np
arr = np.array([[1,2,3],[4,5,6],[7,8,9]])
new_arr = np.delete(arr,1,axis=1)    # 删除索引为 1 的列,axis=1 沿列方向
print(new_arr)        # 输出结果
[[1 3]
 [4 6]
 [7 9]]
```

3) 要删除整个 NumPy 数组,可以使用 del 关键字将数组变量从内存中删除。这将导致无法再访问该数组。

```python
import numpy as np
arr = np.array([1,2,3,4,5])
del arr         # 删除数组
print(arr)      # 输出就会报错
NameError: name 'arr' is not defined
```

8.2.4 NumPy 数组的运算

NumPy 数组运算是指使用 NumPy 库中的函数和操作符对数组进行各种数学和逻辑运算的过程。NumPy 是一个功能强大的 Python 库,专门用于科学计算和数据处理,其中数组运算是其核心功能之一。

NumPy 数组运算具有以下特点。

(1) 向量化运算:NumPy 通过使用底层的 C 语言实现,对数组的运算进行了优化,使得对数组进行向量化运算(即一次性操作整个数组)更加高效。这种向量化运算可以显著提高计算效率。

(2) 广播(Broadcasting):NumPy 的广播功能允许在不同形状的数组之间执行运算,而无需显式地扩展数组的维度。这使得对不同形状的数组执行运算变得更加方便和高效。

(3) 逐元素运算:NumPy 提供了许多逐元素的数学函数和操作符,可以对数组的每个元素进行运算。这些函数和操作符会自动遍历数组的元素,并返回一个具有相同形状的新数组作为结果。

(4) 数组方法:NumPy 数组对象具有许多内置的方法,可以执行各种数组操作,如求和、均值、最大值、最小值、排序等。这些方法提供了方便的方式来处理和操作数组。

通过使用 NumPy 的函数和操作符,可以对数组执行各种数学和逻辑运算,如加法、

减法、乘法、除法、平方、开方、指数、对数等。此外，NumPy 还提供了矩阵运算、线性代数运算、统计运算等功能，使得处理数组和矩阵数据变得更加简单和高效。

总之，NumPy 数组运算是通过使用 NumPy 库提供的函数、操作符和方法，在数组上执行各种数学和逻辑运算的过程。这种运算方式方便、高效，并且广泛应用于科学计算、数据处理和机器学习等领域。

1. 向量化运算

当使用 NumPy 进行数组的向量化运算时，可以一次性对整个数组执行相同的操作，而无需使用嵌套循环。以下是一些示例代码说明 NumPy 数组的向量化运算的用法。

（1）数组加法：

```
import numpy as np
a = np.array([[1,2],[3,4]])
b = np.array([[5,6],[7,8]])
c = a + b                    #数组相加
print(c)
[[ 6  8]
 [10 12]]
```

在这个例子中，使用"+"操作符对二维数组 a 和 b 进行了向量化的加法运算。结果数组 c 的每个元素都是对应位置上 a 和 b 元素的和。

（2）数组减法：

```
import numpy as np
a = np.array([[1,2],[3,4]])
b = np.array([[5,6],[7,8]])
c = a - b                    #数组相减
print(c)
[[-4 -4]
 [-4 -4]]
```

在这个例子中，使用"−"操作符对二维数组 a 和 b 进行了向量化的减法运算。结果数组 c 的每个元素都是对应位置上 a 和 b 元素的差。

（3）数组乘法：

```
import numpy as np
a = np.array([[1,2],[3,4]])
b = np.array([[5,6],[7,8]])
c = a * b                    #数组相乘
print(c)
[[ 5 12]
 [21 32]]
```

这个例子展示了使用"*"操作符进行向量化的乘法运算。结果数组 c 的每个元素都是对应位置上 a 和 b 元素的乘积。

(4) 数组除法：

```
import numpy as np
a = np. array([[1,2],[3,4]])
b = np. array([[5,6],[7,8]])
c = a / b                #数组相除
print(c)
[[0.2         0.33333333]
 [0.42857143  0.5       ]]
```

这个例子展示了使用"/"操作符进行向量化的乘法运算。结果数组 c 的每个元素都是对应位置上 a 和 b 元素的相除。

2. 数组广播

NumPy 中的数组广播是指在进行数组运算时，对不同形状的数组自动进行适当的扩展，使得它们具有相容的形状，从而进行元素级别的运算。广播机制可以简化代码，并且在处理不同形状的数组时非常有用。

当然，数组广播有一定的原则：如果两个数组的形状不同，需要在某些维度上将其中一个数组扩展，知道两个数组具有相同的形状才能进行算术运算；如果两个数组的某些维度的大小不同，但是其中一个数组的某个维度的大小为 1，那么 Numpy 在该维度上将自动扩展该数组，使得两个数组在该维度的大小相同，从而进行算术运算；如果两个数组在某个维度上的大小不匹配且不为 1，则无法进行算术运算，会出现 ValueError 异常。下面是一些示例来说明 NumPy 数组广播的使用：

(1) 对不同形状的数组进行算术运算时，Numpy 会自动将这些数组扩展为统一的形状。如下所示，将一个形状为 2×1 的数组与一个形状为 1×2 的数组相加。

```
import numpy as np
a = np. array([[1],[2]])      #2×1 的数组
b = np. array([[1,2]])        #1×2 的数组
c = a + b
print(c)                      #输出结果
[[2 3]
 [3 4]]
```

在上面的代码中，将一个形状为 2×1 的数组与一个形状为 1×2 的数组相加，Numpy 自动将第一个数组扩展为 2×2，使得两个数组的形状相同，才能进行相加，如图 8-1 所示。

图 8-1 数组广播机制第 1 种情况

(2) 如果两个数组的某些维度的大小不同，但是其中一个数组的某个维度的大小为 1，那么 Numpy 在该维度上将自动扩展该数组，使得两个数组在该维度的大小相同，从

而进行算术运算，看下面的示例。

```
import numpy as np
a = np.array([[1,2,3],[4,5,6]])    #2×3 的二维数组
b = np.array([10,20,30])           #一维数组(3,)
c = a + b
print(c)                           #输出结果
[[11 22 33]
 [14 25 36]]
```

在这个例子中，数组 a 和数组 b 相加，由于数组 b 的形状为 (3,) 即为一维数组，Numpy 自动将其扩展为 (1,3)，再进行相加，如图 8-2 所示。

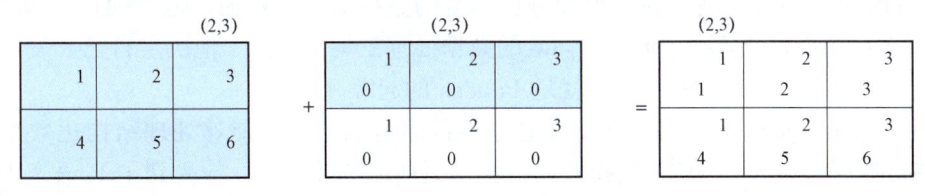

图 8-2　数组广播机制第 2 种情况

（3）如果两个数组在某个维度上的大小不匹配且不为 1，则无法进行算术运算，会出现 ValueError 异常，看下面的示例。

```
import numpy as np
a = np.array([[1,2],[4,5]])        #2×2 的二维数组
b = np.array([10,20,30])           #一维数组(3,)
c = a + b
print(c)                           #结果报错
————————————————————————————————————————————————————————————
ValueError                    Traceback (most recent call last)
<ipython-input-2-2b5ad2bc45b8> in <module>
      2 a = np.array([[1,2],[4,5]])    #2×2 的二维数组
      3 b = np.array([10,20,30])       #一维数组(3,)
----> 4 c = a + b
      5 print(c)
ValueError: operands could not be broadcast together with shapes (2,2)(3,)
```

在这个例子中，数组 a 的形状为 (2,2)，数组 b 的形状为 (3,)，无法满足广播规则，Numpy 会出现 ValueError 异常，如图 8-3 所示。

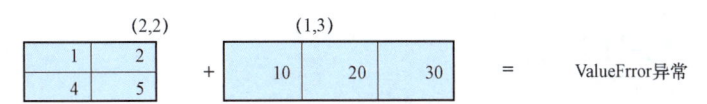

图 8-3　数组广播机制第 3 种情况

当然可以使用函数 numpy.broadcast() 来检查两个数组是否可以广播，如下所示。

```
import numpy as np
a = np.array([[1],[4]])    #2×1 的二维数组
b = np.array([10,20,30])    #一维数组(3,)
broadcast_result = np.broadcast(a,b)
print(broadcast_result.shape)    #广播结果为(2,3)
(2,3)
```

8.3 数据分析工具 Pandas

Pandas 是由 Wes McKinney 在 2008 年开始开发的。当时，Wes McKinney 是一家金融公司的量化分析师，他需要处理和分析大量的金融数据。然而，他发现在当时的 Python 生态系统中，缺乏一个灵活、高效的数据处理工具。因此，他决定自己开发一个适用于数据分析和数据处理的库，这就是 Pandas 的起源。

Wes McKinney 在开发 Pandas 时的主要目标是创建一个能够处理结构化数据的工具，使得数据的读取、清洗、转换和分析变得更加简单和高效。他受到了 R 语言中的数据框（data frame）的启发，并希望在 Python 中实现类似的功能。

Pandas 最初的版本于 2008 年发布，并在开源社区中得到了广泛的认可和使用。随着时间的推移，Pandas 不断发展壮大，积累了大量的用户和贡献者。它逐渐成为 Python 数据科学生态系统中的重要组成部分，并在数据分析、数据处理、机器学习和金融等领域得到了广泛应用。

Pandas 的成功得益于其提供了简单而强大的数据结构和数据操作功能，以及丰富的生态系统和活跃的社区支持。它的设计理念和实现方式使得用户可以高效地处理和分析各种类型的数据，从而极大地提高了数据科学工作的效率。

Pandas 的特点如下。

（1）Pandas 是基于 Numpy 的一种工具包，是为解决数据分析任务而创建的。但是 Numpy 应用方面有些局限性，如果要处理其他类型的数据，如字符串，就要用到 Pandas。

（2）Pandas 纳入了大量库和一些标准的数据模型，提供了高效操作大型数据集所需的工具。

（3）Pandas 提供了大量快速便捷处理数据的函数和方法，是使 Python 成为强大而高效数据分析语言的重要因素之一。

（4）Pandas 可以从各种文件格式比如：CSV、JSON、SQL、Excel 导入数据。

（5）Pandas 可以对各种数据进行运算操作。

（6）Pandas 广泛应用在金融、统计学、经济学等各个数据分析领域。

8.3.1 Pandas 的数据结构

Pandas 提供了两种主要的数据结构：Series 和 DataFrame。

（1）Series：Series 是一维带标签的数组，类似于带有索引的一列数据。它可以存储任意类型的数据，包括整数、浮点数、字符串等。Series 的索引是标签数组，用于标识每个元素。

（2）DataFrame：DataFrame 是一个二维的表格型数据结构，类似于电子表格或关系型数据库中的表。它由多个 Series 组成，每个 Series 对应一列数据。DataFrame 有行索引和列索引，可以存储不同类型的数据。

8.3.2　一维数组 Series

一维数组 Series 和 NumPy 的一维数组（ndarray）在某些方面有相似之处，但也有一些区别。

（1）索引方式：Series 对象具有自定义的索引，可以是任意类型的数据，而 NumPy 的一维数组使用整数索引。Series 的索引可以是标签，使得数据更具有可读性和可理解性。

（2）缺失值处理：Series 对象可以处理缺失值（NaN），它内部使用浮点数 NaN 表示缺失值。而 NumPy 的一维数组不具备处理缺失值的能力。

（3）数据类型灵活性：NumPy 的一维数组要求所有的元素具有相同的数据类型，而 Series 对象可以存储不同类型的数据。这使得 Series 对象更加灵活，可以同时存储整数、浮点数、字符串等不同类型的数据。

（4）数据操作和功能：NumPy 提供了丰富的数学运算和数组操作功能，如矩阵运算、广播操作等。而 Series 对象在数据操作和功能方面更加面向数据分析和处理，提供了许多方便的功能，如数据的过滤、排序、分组、合并等。

（5）库的依赖：NumPy 是一个独立的科学计算库，而 Pandas 则是基于 NumPy 构建的高级数据处理和分析库。Pandas 提供了更高级的数据结构和数据操作功能，使得数据的处理更加方便和高效。

总的来说，Series 对象是 Pandas 库提供的一种数据结构，它在一维数据处理和分析方面提供了更多的功能和灵活性，而 NumPy 的一维数组更加偏向于数值计算和科学计算。选择使用哪种数据结构取决于具体的需求和应用场景。

8.3.2.1　Series 的创建

创建 Series 的方法有多种，以下是几种常见的创建 Series 的方式。

（1）从列表或数组创建：可以使用 pd.Series() 函数从列表或数组创建 Series。传入列表或数组作为参数，即可创建一个带有默认整数索引的 Series。

```
import pandas as pd
data = [1,3,5,7,9]
s = pd.Series(data)    #列表创建 Series
print(s)
0    1
1    3
2    5
3    7
4    9

import pandas as pd
importnumpy as np
```

```
data = np.array([1,3,5,7,9])
s = pd.Series(data)    #使用数组创建 Series
print(s)
0    1
1    3
2    5
3    7
4    9
```

（2）从字典创建：可以使用 pd.Series（）函数从字典创建 Series。字典的键将成为 Series 的索引，字典的值将成为 Series 的值。

```
import pandas as pd
data = {'a': 1,'b':3,'c':5,'d': 7,'e': 9}
s = pd.Series(data)    #字典创建 Series
print(s)
a    1
b    3
c    5
d    7
e    9
```

（3）从标量创建：可以使用 pd.Series（）函数从标量值创建 Series。在这种情况下，需要传入 index 参数指定索引。

```
import pandas as pd
s = pd.Series(5,index = ['a','b','c','d','e'])
print(s)
a    5
b    5
c    5
d    5
e    5
```

8.3.2.2 Series 的索引

Series 的索引是用于标识和访问 Series 中的元素的标签或名称。索引可以是整数、字符串或其他类型的值。下面介绍几种常见的 Series 索引的使用方法：

（1）默认整数索引：当创建 Series 时，如果没有显式指定索引，Pandas 会使用默认的整数索引。

```
import pandas as pd
data = [2,4,6,8]
s = pd.Series(data)
print(s)
0    2
1    4
```

```
2    6
3    8
```

（2）自定义索引：可以在创建 Series 时通过传入 index 参数来指定自定义索引。

```
import pandas as pd
data = [1,3,5,7,9]
index = ['a','b','c','d','e']
s = pd.Series(data,index = index)
print(s)
a    1
b    3
c    5
d    7
e    9
```

在上面的示例中，通过传入 index 参数来指定了自定义索引。

（3）访问元素：可以使用索引来访问 Series 中的元素。可以使用方括号[]或.loc[]来访问元素。

```
import pandas as pd
data = [1,3,5,7,9]
index = ['a','b','c','d','e']
s = pd.Series(data,index = index)
print(s['a'])       #使用方括号访问元素
print(s.loc['b'])   #使用.loc[]访问元素
1
3
```

.loc[]是 Pandas 中用于通过标签索引访问 Series 或 DataFrame 中的元素的属性。它可以接受单个标签或标签列表作为输入，并返回相应的元素。对于 Series，.loc[]的语法如下：

```
series.loc[label]
```

其中，series 是要操作的 Series 对象，label 是要访问的标签。下面是使用.loc[]访问 Series 元素的示例：

```
import pandas as pd
data = [1,3,5,7,9]
index = ['a','b','c','d','e']
s = pd.Series(data,index = index)
print(s.loc['a'])          # 使用.loc[]访问单个元素
print(s.loc[['a','c','e']])# 使用.loc[]访问多个元素
1
a    1
c    5
```

e   9

（4）切片操作：可以使用索引进行切片操作，获取 Series 的子集。

```
import pandas as pd
data = [1,3,5,7,9]
index = ['a','b','c','d','e']
s = pd.Series(data,index = index)
print(s['a':'c'])    #切片操作,运行结果如下
a    1
b    3
c    5
import pandas as pd
data = [1,3,5,7,9]
index = ['a','b','c','d','e']
s = pd.Series(data,index = index)
print(s[1:3])  # 切片操作,运行结果如下
b    3
c    5
```

通过上面的两段代码比较一下，发现切片操作中如果切片的起止索引号用的是用户自定义的，都是包含关系，没有左闭右开之说。

8.3.2.3　Series 修改与删除

（1）当需要修改 Pandas Series 的元素时，可以使用索引或标签直接赋值的方式进行修改。下面是一个示例：

```
import pandas as pd
series = pd.Series([10,20,30,40],index = ['a','b','c','d'])
series['b'] = 25          #修改索引号为 b 元素的值
print(series)             #输出结果
a    10
b    25
c    30
d    40
```

在上面的示例中，首先创建了一个带有索引的 Series。然后，通过索引 'b' 来访问并修改了该元素的值，将其从原来的 20 修改为 25。

需要注意的是，通过索引或标签直接赋值的方式修改元素时，原始的 Series 会被修改。如果不希望修改原始 Series，可以将其赋值给一个新的 Series 进行操作。

（2）要删除 Series 中的元素，可以使用 drop（）方法或使用索引的方式进行删除。下面是一些示例：

```
import pandas as pd
series = pd.Series([10,20,30,40],index = ['a','b','c','d'])
new_series = series.drop('c')  #使用 drop() 方法删除指定索引的元素
print(new_series)     #输出结果
```

```
a    10
b    20
d    40
```

```
import pandas as pd
series = pd.Series([10,20,30,40],index = ['a','b','c','d'])
new_series = series.drop(['b','c'])    # 使用索引方式删除元素
print(new_series)
```

需要注意的是，drop（）方法和索引方式删除元素都会返回一个新的 Series，原始的 Series 不会被修改。如果需要就地修改原始 Series，可以使用 inplace＝True 参数，例如 series.drop（'c'，inplace＝True）。

8.3.2.4　Series 算术运算和数据对齐

（1）Series 支持各种算术运算，包括加法、减法、乘法和除法。这些运算可以对两个 Series 对象进行操作，也可以将 Series 与标量值进行运算。下面是一些示例：

```
import pandas as pd
series1 = pd.Series([1,2,3,4])
series2 = pd.Series([5,6,7,8])
result = series1 + series2      #加法运算
result = series1 - series2      #减法运算
result = series1 * series2      #乘法运算
result = series1 / series2      #除法运算
result = series1 + 10           #与标量值的运算
```

（2）Series 对象的数据对齐是一项非常有用的功能。当进行算术运算或其他操作时，Pandas 会自动根据索引对齐 Series 的数据。这意味着，如果两个 Series 具有相同的索引，它们的对应元素将进行操作；如果索引不完全匹配，缺失的值将被填充为缺失值 NaN。

下面是一个示例来说明数据对齐的概念：

```
import pandas as pd
series1 = pd.Series([1,2,3],index = ['a','b','c'])
series2 = pd.Series([4,5,6],index = ['b','c','d'])
result = series1 + series2
print(result)        #输出结果
a    NaN
b    6.0
c    8.0
d    NaN
```

在上面的示例中，series1 和 series2 具有不完全匹配的索引。当进行加法运算时，Pandas 会自动根据索引对齐数据。结果中的索引是两个 Series 的索引的并集，缺失的值被填充为 NaN。在这个例子中，索引'a'和'd'对应的值都是缺失值。数据对齐不仅适用于算术运算，还适用于其他操作，如索引、切片和过滤等。当对 Series 进行这些操作时，

Pandas 会根据索引对齐数据,以确保正确的操作结果。

8.3.2.5 Series 的常用方法

(1) head () 和 tail () 是 Pandas 库中 DataFrame 和 Series 对象常用的方法,用于查看数据的前几行和后几行。下面是它们的详细说明:

1) head (n=5) 方法用于查看数据的前 n 行,默认为前 5 行。对于 Series 对象,返回一个新的 Series 对象。

```
import pandas as pd
data = [1,2,3,4,5,6,7,8,9,10]
s = pd.Series(data)
print(s.head(3))    #查看前 3 行
0    1
1    2
2    3
```

2) tail (n=5) 方法用于查看数据的后 n 行,默认为后 5 行。与 head () 方法类似,对于 Series 对象,返回一个新的 Series 对象。

```
import pandas as pd
data = [11,22,33,44,55,66,77,88,99,10]
s = pd.Series(data)
print(s.tail(4))  #查看后 4 行
6    77
7    88
8    99
9    10
```

(2) pd.isnull () 和 pd.notnull () 是 Pandas 库中的两个函数,用于检测数据中的缺失值(NaN)。

1) isnull () 函数用于检测数据对象中的缺失值。它返回一个与输入对象形状相同的布尔值数组,其中缺失值对应的元素为 True,非缺失值对应的元素为 False。

```
import pandas as pd
data = {'A': 1,'B': 2,'C': None,'D': 4}
s = pd.Series(data)
print(pd.isnull(s))    #输出结果
A    False
B    False
C     True
D    False
```

2) notnull () 函数用于检测数据对象中的缺失值。它返回一个与输入对象形状相同的布尔值数组,其中缺失值对应的元素为 True,非缺失值对应的元素为 False。

```
import pandas as pd
data = {'A': 1,'B': 2,'C': None,'D': 4}
```

```
s = pd.Series(data)
print(pd.notnull(s))        #输出结果
A    True
B    True
C    False
D    True
```

（3）Series 对象提供了许多基本的统计方法，可以有助于计算和分析数据。下面是一些常用的 Series 统计方法：

count()：返回非缺失值的数量。

sum()：计算所有元素的总和。

mean()：计算平均值。

median()：计算中位数。

min()：找到最小值。

max()：找到最大值。

std()：计算标准差。

var()：计算方差。

quantile(q)：计算指定分位数的值，其中 q 是一个介于 0 和 1 之间的数。

describe()：提供关于 Series 的基本统计信息，包括计数、平均值、标准差、最小值、25% 分位数、中位数、75% 分位数和最大值。

```
import pandas as pd
data = [1,2,3,4,5,6,7,8,9]
s = pd.Series(data)
print("Count:",s.count())
print("Sum:",s.sum())
print("Mean:",s.mean())
print("Median:",s.median())
print("Min:",s.min())
print("Max:",s.max())
print("Standard Deviation:",s.std())
print("Variance:",s.var())
print("Quantile(0.5):",s.quantile(0.5))
print("Describe:")
print(s.describe())
Count: 9
Sum: 45
Mean: 5.0
Median: 5.0
Min: 1
Max: 9
Standard Deviation: 2.7386127875258306
Variance: 7.5
```

```
Quantile(0.5): 5.0
Describe:
count    9.000000
mean     5.000000
std      2.738613
min      1.000000
25%      3.000000
50%      5.000000
75%      7.000000
max      9.000000
```

(4)过滤和筛选:使用过滤和筛选操作来选择特定条件下的数据。

1)使用布尔索引:你可以使用布尔索引来选择满足特定条件的元素。例如,假设有一个名为 s 的 Series,可以使用以下方式筛选出满足条件的元素:

```
filtered_series = s[s>5]
```

2)使用条件表达式:你可以使用条件表达式来选择满足特定条件的元素。例如,假设你有一个名为 s 的 Series,你可以使用以下方式筛选出满足条件的元素:

```
filtered_series = s.where(s>5)
```

3)使用 loc 和条件:你可以使用 loc 属性和条件来选择满足特定条件的元素。例如,假设你有一个名为 s 的 Series,你可以使用以下方式筛选出满足条件的元素:

```
filtered_series = s.loc[s>5]
```

4)使用 isin() 方法:isin() 方法允许你选择满足特定条件的元素,其中条件是通过一个列表或数组提供的。例如,假设你有一个名为 s 的 Series,你可以使用以下方式筛选出满足条件的元素:

```
filtered_series = s[s.isin([2,4,6])]
```

下面通过一个具体的例子来说明上面的使用方法:

```
import pandas as pd
grades = pd.Series([85,92,78,90,88,95,80])
#选择所有大于等于 90 分的成绩
filtered_grades = grades[grades >= 90]
print(filtered_grades)
#选择所有小于 80 分的成绩,并将不满足条件的成绩替换为 NaN
filtered_grades = grades.where(grades < 80)
print(filtered_grades)
#选择成绩在 80 到 90 之间的元素
filtered_grades = grades.loc[(grades >= 80) & (grades <= 90)]
print(filtered_grades)
#选择成绩为 85 或 95 的元素
filtered_grades = grades[grades.isin([85,95])]
```

```
print(filtered_grades)
1    92
3    90
5    95
dtype: int64
0    NaN
1    NaN
2    78.0
3    NaN
4    NaN
5    NaN
6    NaN
dtype: float64
0    85
3    90
4    88
6    80
dtype: int64
0    85
5    95
dtype: int64
```

（5）排序：可以使用 sort_values（）方法对 Series 进行排序。该方法将返回一个新的 Series，其中的元素按照指定的排序顺序排列。

```
import pandas as pd
grades = pd.Series([85,92,78,90,88,95,80])
sorted_grades = grades.sort_values()    #按照默认的升序排序
print(sorted_grades)    #输出结果
sorted_grades = grades.sort_values(ascending = False)    #按照降序排序
print(sorted_grades)    #输出结果
2    78
6    80
0    85
4    88
3    90
1    92
5    95
dtype: int64
5    95
1    92
3    90
4    88
0    85
```

```
6    80
2    78
dtype: int64
```

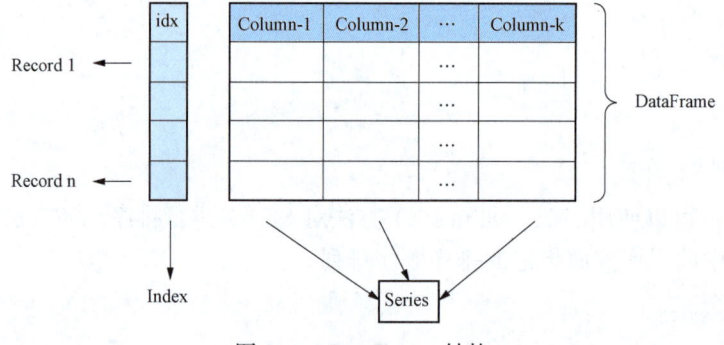

8.3.3 二维数组 DataFrame

DataFrame 是一个表格型的数据结构，它含有一组有序的列，每列可以是不同的值类型（数值、字符串、布尔型值）。DataFrame 既有行索引也有列索引，它可以被看作由 Series 组成的字典（共同用一个索引）。DataFrame 特点如下。

列和行：DataFrame 由多个列组成，每一列都有一个名称，可以看作是一个 Series。同时，DataFrame 有一个行索引，用于标识每一行。

二维结构：DataFrame 是一个二维表格，具有行和列。可以将其视为多个 Series 对象组成的字典。

列的数据类型：不同的列可以包含不同的数据类型，例如整数、浮点数、字符串等。

DataFrame 结构如图 8-4 所示。

图 8-4 DataFrame 结构

DataFrame 构造方法如下：

pandas.DataFrame(data, index, columns, dtype, copy)

参数说明：

data：一组数据（ndarray、series、map、lists、dict 等类型）。

index：索引值，或者可以称为行标签。

columns：列标签，默认为 RangeIndex(0, 1, 2, …, n)。

dtype：数据类型。

copy：复制数据，默认为 False。

8.3.3.1 DataFrame 的创建

创建 DataFrame 的方法有多种，以下是几种常见的创建 DataFrame 的方式。

1. 由列表创建 DataFrame

```
import pandas as pd

data = [['Alice',25],['Bob',30],['Charlie',35]]
df = pd.DataFrame(data,columns = ['Name','Age'])
print(df)        #输出结果
```

```
      Name    Age
0     Alice   25
1     Bob     30
2     Charlie 35
```

在这个示例中，DataFrame 有两列（'Name' 和 'Age'），每一行包含一个人的名字和年龄。需要注意的是，列表中的每个子列表的长度应该相同，以确保 DataFrame 的每一列都有相同数量的元素。如果列表的长度不匹配，将会引发 ValueError 错误。

还可以使用索引来指定行的标签。例如，可以通过传递 index 参数来指定行的标签列表：

```
import pandas as pd
data = [['Alice',25],['Bob',30],['Charlie',35]]
df = pd.DataFrame(data,columns = ['Name','Age'],index = ['a','b','c'])
print(df)      #输出结果
      Name    Age
a     Alice   25
b     Bob     30
c     Charlie 35
```

2. 由元组创建 DataFrame

```
import pandas as pd
data = [('Alice',25),('Bob',30),('Charlie',35)]
df = pd.DataFrame(data,columns = ['Name','Age'])
print(df)      #输出结果
      Name    Age
0     Alice   25
1     Bob     30
2     Charlie 35
```

元组创建 DataFrame 和列表创建 DataFrame 非常类似。

3. 由字典创建 DataFrame

当使用字典创建 DataFrame 时，可以将字典的键作为列名，字典的值作为对应列的数据。

```
import pandas as pd
data = {'Name': ['Alice','Bob','Charlie'],
        'Age': [25,30,35],
        'City': ['New York','London','Paris']}
df = pd.DataFrame(data)
print(df)      #输出结果
      Name    Age   City
0     Alice   25    New York
1     Bob     30    London
2     Charlie 35    Paris
```

在上面的示例中，定义了一个字典 data，其中键是列名，而值是包含该列数据的列表。然后，使用 pd.DataFrame() 函数将字典转换为 DataFrame。

创建 DataFrame 后，可以使用 print（df）来查看 DataFrame 的内容。在这个示例中，DataFrame 有三列（'Name'、'Age' 和 'City'），每一列的数据来自对应的列表。需要注意的是，字典中的每个列表的长度应该相同，以确保 DataFrame 的每一列都有相同数量的数据。如果列表的长度不匹配，将会引发 ValueError 错误。

此外，也可以使用 index 参数来指定行的标签：

```
import pandas as pd
data = {'Name':['Alice','Bob','Charlie'],
        'Age':[25,30,35],
        'City':['New York','London','Paris']}
df = pd.DataFrame(data,index = ['a1','a2','a3'])
print(df)    #输出结果
      Name   Age    City
a1    Alice   25    New York
a2    Bob     30    London
a3    Charlie 35    Paris
```

4. 要使用数组创建 DataFrame，可以使用 NumPy 库中的 np.array() 函数创建数组，然后将其转换为 DataFrame

```
import pandas as pd
import numpy as np
data = np.array([['Alice',25,'New York'],
                 ['Bob',30,'London'],
                 ['Charlie',35,'Paris']])
df = pd.DataFrame(data,columns = ['Name','Age','City'])
print(df)    #输出结果
     Name    Age   City
0    Alice    25   New York
1    Bob      30   London
2    Charlie  35   Paris
```

在上面的示例中，使用 NumPy 的 np.array() 函数创建了一个二维数组 data。每一行表示 DataFrame 的一行数据，每一列表示对应的列数据。然后，使用 pd.DataFrame() 函数将数组 data 转换为 DataFrame。通过传递 columns 参数，指定了 DataFrame 的列名。最后，使用 print（df）查看 DataFrame 的内容。在这个示例中，DataFrame 有三列（'Name'、'Age'和'City'），每一列的数据来自数组 data 中的对应元素。

当然可以使用 index 参数来指定行的标签。

5. 要使用 Series 创建 DataFrame，可以使用 Pandas 库中的 pd.Series() 函数创建 Series，然后将其转换为 DataFrame

```
import pandas as pd
```

```python
name_series = pd.Series(['Alice','Bob','Charlie'],name = 'Name')
age_series = pd.Series([25,30,35],name = 'Age')
city_series = pd.Series(['New York','London','Paris'],name = 'City')
df = pd.DataFrame({'Name': name_series,'Age': age_series,'City':city_series})
print(df)     #输出结果
      Name  Age      City
0    Alice   25  New York
1      Bob   30    London
2  Charlie   35     Paris
```

在这个示例中,创建了三个 Series 对象,分别表示'Name'、'Age'和'City'三列的数据。然后,使用一个字典来创建 DataFrame,其中字典的键为列名,字典的值为对应的 Series 对象。

8.3.3.2 DataFrame 的操作

(1) 查看 DataFrame 的基本信息。

```python
import pandas as pd
data = {'Name': ['Alice','Bob','Charlie'],
        'Age': [25,30,35],
        'City': ['New York','London','Paris']}
df = pd.DataFrame(data)
print(df.head())    #查看前几行
print(df.tail())    #查看后几行
print(df.info())    #查看基本信息
```

(2) 访问 DataFrame 的列和行,访问列,使用方括号 [] 操作符,将列名作为索引来访问列。返回的结果是一个 Series 对象。使用点号 . 运算符,将列名作为属性来访问列。返回的结果也是一个 Series 对象;访问行,使用 loc 属性,通过行标签来访问行。返回的结果是一个 Series 对象。也可以使用 iloc 属性,必须通过整数索引来访问行,返回的结果也是一个 Series 对象。

```python
import pandas as pd
data = {'Name': ['Alice','Bob','Charlie'],
        'Age': [25,30,35],
        'City': ['New York','London','Paris']}
df = pd.DataFrame(data)
name_column = df['Name']    #使用方括号访问列
print(name_column)
age_column = df.Age    #使用点号访问列
print(age_column)

import pandas as pd
data = {'Name': ['Alice','Bob','Charlie'],
        'Age': [25,30,35],
        'City': ['New York','London','Paris']}
```

```
df = pd.DataFrame(data,index = ['a1','a2','a3'])
row_0 = df.loc['a1']      #使用 loc 访问行
print(row_0)
row_1 = df.iloc[0]        # 使用 iloc 访问行
print(row_1)              #输出结果一样
```

(3) 要读取 DataFrame 的元素，可以使用 loc 或 iloc 属性来访问特定的行和列。

```
import pandas as pd
data = {'Name': ['Alice','Bob','Charlie'],
        'Age': [25,30,35],
        'City': ['New York','London','Paris']}
df = pd.DataFrame(data,index = ['a1','a2','a3'])
print(df.loc['a1','Name'])    #访问第 0 行,'Name' 列的元素
print(df.iloc[0,0])           # 访问第 0 行,第 0 列的元素
Alice
Alice
```

输出结果一样。

(4) 可以使用切片来读取多个元素，以下是一个使用切片读取 DataFrame 元素的示例。

```
import pandas as pd
data = {'Name': ['Alice','Bob','Charlie'],
        'Age': [25,30,35],
        'City': ['New York','London','Paris']}
df = pd.DataFrame(data)
#使用 loc 访问切片
print(df.loc[0:1,'Name':'Age'])    #访问第 0 行到第 1 行,'Name'列到'Age'列的元素
#使用 iloc 访问切片
print(df.iloc[1:3,1:3])    #访问第 1 行到第 2 行,第 1 列到第 2 列的元素
    Name  Age
0   Alice  25
1   Bob    30
    Age   City
1   30    London
2   35    Paris
```

在输出结果中，可以仔细思考切片操作中的不同？这个问题在 Series 中说过。如果切片操作中有用户自定义的行索引和列索引左闭右开规则失效，都是包含关系。从下面的一个例子可以加深一下印象。

```
import pandas as pd
data = {'Name': ['Alice','Bob','Charlie','Dave','Eve'],
        'Age': [25,30,35,40,45],
        'City': ['New York','London','Paris','Tokyo','Sydney']}
```

```
df = pd.DataFrame(data,index = ['A','B','C','D','E'])
subset = df.loc['B':'D','Name':'City']
print(subset)    #输出结果
      Name    Age    City
B     Bob     30     London
C     Charlie 35     Paris
D     Dave    40     Tokyo
```

在上面的示例中，使用自定义索引（'A'，'B'，'C'，'D'，'E'）创建了 DataFrame。然后，使用自定义索引进行了切片操作。df.loc ['B'：'D'，'Name'：'City'] 同时选择了行索引从'B'到'D'（包括'B'和'D'）的行和列索引从'Name'到'City'（包括'Name'和'City'）的列。

（5）数据对齐，在 Pandas 的 DataFrame 中，数据对齐是指在进行操作（如算术运算、合并、切片等）时，Pandas 会根据索引标签自动对齐数据。当对两个具有不同索引的 DataFrame 进行操作时，Pandas 会根据索引标签进行对齐，将相同标签的行或列进行匹配，并在没有匹配的位置填充缺失值（NaN），从下面的例子可以看到体会数据对齐。

```
import pandas as pd
data1 = {'Name': ['Alice','Bob','Charlie'],
         'salary': [2500,3000,3500]}
df1 = pd.DataFrame(data1,index = ['A','B','C'])
data2 = {'Name': ['John','Mason','Jason'],
         'salary': [5000,6000,7000]}
df2 = pd.DataFrame(data2,index = ['B','C','D'])
#进行列对齐操作
result = df1 + df2
print(result)              #输出结果
         Name              salary
A        NaN               NaN
B        BobJohn           8000.0
C        CharlieMason      9500.0
D        NaN               NaN
```

8.3.3.3 DataFrame 修改

（1）修改单个元素，可以使用 at 或 iat 方法。这两个方法允许直接定位到指定的行和列，并修改对应的元素。下面是示例代码：

```
import pandas as pd
data = {'Name': ['Alice','Bob','Charlie'],
        'Age': [25,30,35],
        'Salary': [5000,6000,7000]}
df = pd.DataFrame(data)
df.at[1,'Salary'] = 6500    #使用 at 方法修改单个元素
print(df)
df.iat[2,1] = 36            # 使用 iat 方法修改单个元素
print(df)
```

输出结果如下：

```
==============
     Name    Age   Salary
0    Alice    25    5000
1    Bob      30    6500
2    Charlie  35    7000
     Name    Age   Salary
0    Alice    25    5000
1    Bob      30    6500
2    Charlie  36    7000
```

在上面的示例中，首先创建了一个示例 DataFrame（df）。然后，使用 at 方法和 iat 方法来修改 DataFrame 中的单个元素。

at 方法：通过指定行标签和列标签，可以直接定位到指定的单元格，并将其值进行修改。在示例中，我们将索引为 1 的行的 "Salary" 列数据修改为 6500。

iat 方法：通过指定行索引和列索引，可以直接定位到指定的单元格，并将其值进行修改。在示例中，我们将索引为 2 的行、索引为 1 的列的元素修改为 36。

（2）DataFrame 修改某一列的数值，可以使用直接赋值的方式或者使用 loc 方法，下面是示例代码：

```
import pandas as pd
data = {'Name':['Alice','Bob','Charlie'],
        'Age':[25,30,35],
        'Salary':[5000,6000,7000]}
df.loc[:,'Salary']=[6000,7000,8000]    # 使用 loc 方法修改某一列的数值
print(df)    #输出结果
     Name    Age   Salary
0    Alice    25    6000
1    Bob      30    7000
2    Charlie  36    8000
```

（3）DataFrame 修改某一行的数值，可以使用 loc 方法或直接赋值的方式。下面是示例代码：

```
import pandas as pd
data = {'Name':['Alice','Bob','Charlie'],
        'Age':[25,30,35],
        'Salary':[5000,6000,7000]}
df = pd.DataFrame(data)
df.loc[1]=['David',32,6500]# 使用 loc 方法修改某一行的数值
print(df)    #输出结果
     Name    Age   Salary
0    Alice    25    5000
1    David    32    6500
```

```
2    Charlie   35    7000
```

（4）要修改 DataFrame 中满足条件的数据，可以使用条件过滤和直接赋值的方式。下面是示例代码：

```
import pandas as pd
data = {'Name': ['Alice','Bob','Charlie'],
        'Age': [25,30,35],
        'Salary': [5000,6000,7000]}
df = pd.DataFrame(data)
df.loc[df['Age'] > 30,'Salary'] = 8000   #条件过滤修改满足条件的数据
print(df)       #输出结果
      Name   Age   Salary
0    Alice    25    5000
1      Bob    30    6000
2  Charlie    35    8000
```

8.3.3.4 DataFrame 遍历

（1）按列遍历最常见的遍历方式，可以使用 DataFrame 的列名来访问每一列，然后通过 for 循环遍历每个元素，下面是一个示例代码。

```
import pandas as pd
data = {'姓名': ['小明','小红','小华'],
        '年龄': [18,19,20],
        '成绩': [90,95,80]}
df = pd.DataFrame(data)
for column in df:
    print(df[column])        #输出每列数据
0  小明
1  小红
2  小华
Name:姓名,dtype: object
0   18
1   19
2   20
Name:年龄,dtype: int64
0   90
1   95
2   80
Name:成绩,dtype: int64
```

（2）按行遍历，按行遍历可以使用 iterrows() 函数，它会返回每一行的索引和行本身的元组。下面是示例代码：

```
import pandas as pd
data = {'姓名': ['小明','小红','小华'],
```

```
        '年龄':[18,19,20],
        '成绩':[90,95,80]}
df = pd.DataFrame(data)
for row_index,row_data in df.iterrows():
    print(f"行索引:{row_index}")     #输出行索引
    print(f"行:{row_data}")          #输出行数据
行索引:0
行:姓名    小明
年龄    18
成绩    90
Name:0,dtype:object
行索引:1
行:姓名    小红
年龄    19
成绩    95
Name:1,dtype:object
行索引:2
行:姓名    小华
年龄    20
成绩    80
Name:2,dtype:object
```

（3）迭代器（itertuples()）除了以上两种方法，pandas还提供itertuples()方法来遍历DataFrame。itertuples()返回一个迭代器，每次迭代返回一个包含行的所有列的元组。下面是示例代码。

```
import pandas as pd
data = {'姓名':['小明','小红','小华'],
        '年龄':[18,19,20],
        '成绩':[90,95,80]}
df = pd.DataFrame(data)
for row in df.itertuples():
    print(row)          #输出包含行的所有列的元组
Pandas(Index = 0,姓名 = '小明',年龄 = 18,成绩 = 90)
Pandas(Index = 1,姓名 = '小红',年龄 = 19,成绩 = 95)
Pandas(Index = 2,姓名 = '小华',年龄 = 20,成绩 = 80)
```

当然，也可以循环地嵌套来遍历DataFrame中的每一个元素，下面是示例代码。

```
import pandas as pd
data = {'姓名':['小明','小红','小华'],
        '年龄':[18,19,20],
        '成绩':[90,95,80]}
df = pd.DataFrame(data)
for i in range(3):
```

```
        for j in range(3):
            print(df.iloc[i,j])
```

8.3.4 读/写数据

DataFrame 是 Pandas 中的一个数据结构，类似于表格或电子表格，它由行和列组成。DataFrame 提供了一个灵活且强大的方式来处理和分析结构化数据。

读取数据：在数据分析和处理过程中，通常需要从外部数据源（如 CSV 文件、Excel 文件或数据库）中加载数据到 DataFrame 中进行后续操作和分析。读取数据的过程就是将外部数据源中的数据转换为 DataFrame 对象的过程。Pandas 提供了多种方法来读取数据，例如 pd.read_csv() 可以读取 CS 文件，pd.read_excel() 可以读取 Excel 文件，pd.read_sql() 可以从数据库中读取数据。读取数据时，可以指定文件路径、文件格式、数据的分隔符等参数，以确保正确读取数据。

写入数据：在进行数据处理和分析后，可能需要将 DataFrame 中的结果保存到外部数据源中，或者将 DataFrame 的结果传递给其他系统或工具进行进一步处理。写入数据的过程就是将 DataFrame 对象中的数据保存到外部数据源中的过程。Pandas 提供了多种方法来写入数据，例如 df.to_csv() 可以将 DataFrame 对象写入 CSV 文件，df.to_excel() 可以将 DataFrame 对象写入 Excel 文件，df.to_sql() 可以将 DataFrame 对象写入数据库表。写入数据时，可以指定文件路径、文件格式、数据的分隔符等参数，以确保正确保存数据。

1. 使用 pandas 库来进行 DataFrame 数据的读取和写入 CSV 文件

（1）写入文件。

```
import pandas as pd
data = {'Name':['Alice','Bob','Charlie','Limin'],
        'Age':[25,30,35,20],
        'City':['New York','London','Tokyo','China']}
df = pd.DataFrame(data)
df.to_csv('output.csv',index = False) #将 DataFrame 写入 CSV 文件,相对路径
```

写入的文件名和相对路径，如图 8-5 所示，也可以在绝对路径下找到该文件，如图 8-6 所示。

图 8-5 文件名和文件位置

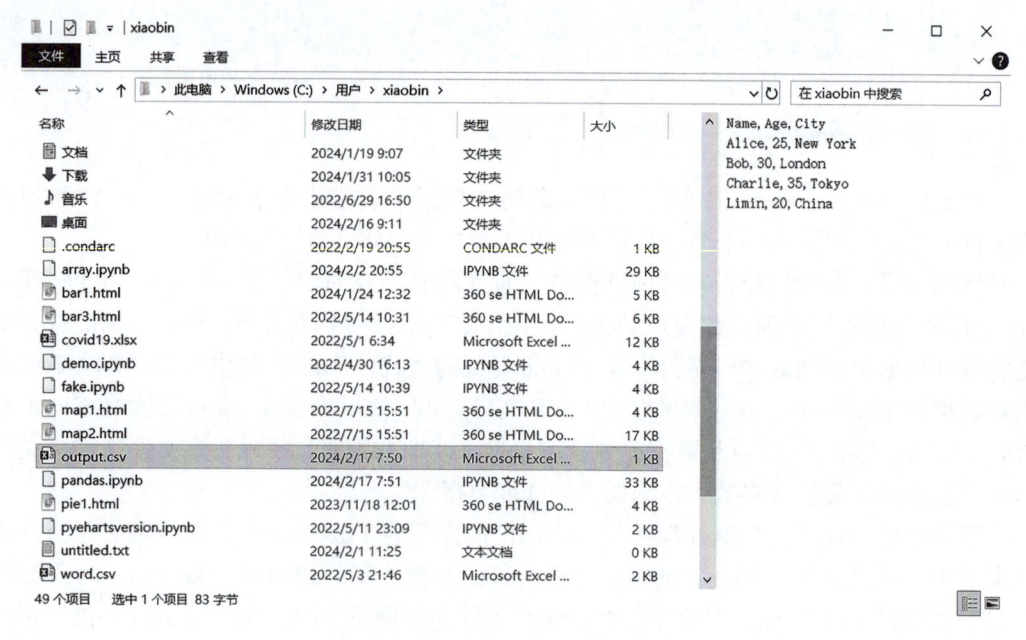

图 8-6　绝对路径下的写入文件

（2）读取文件。

```
import pandas as pd
df = pd.read_csv('output.csv')  # 读取 CSV 文件
print(df)  # 输出结果
      Name   Age    City
0    Alice    25   New York
1      Bob    30   London
2  Charlie    35   Tokyo
3    Limin    20   China
```

2. 使用 pandas 库来进行 DataFrame 数据的读取和写入 xls 文件

（1）写入文件。

```
import pandas as pd
data = {'Name': ['Alice','Bob','Charlie','Limin'],
        'Age': [25,30,35,22],
        'City': ['New York','London','Tokyo','China']}
df = pd.DataFrame(data)
# 将 DataFrame 写入 Excel 文件
df.to_excel('output.xlsx',index = False,sheet_name = 'Sheet1')
```

写入文件的绝对路径如图 8-7 所示。

（2）读取文件。

```
import pandas as pd
df = pd.read_excel('output.xlsx',sheet_name = 'Sheet1')  # 读取 Excel 文件
```

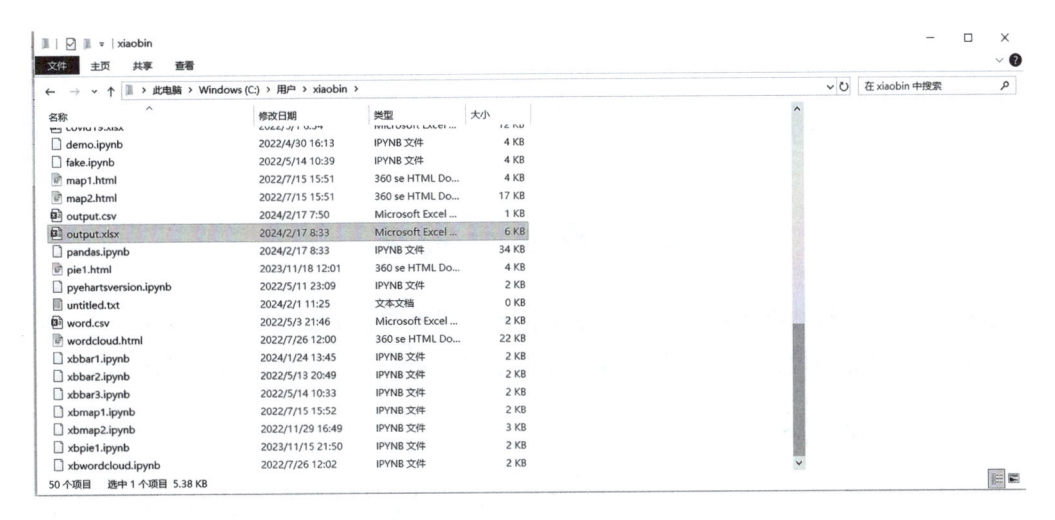

图 8-7 写入的 xlsx 文件位置

```
print(df) #输出结果
      Name  Age      City
0    Alice   25  New York
1      Bob   30    London
2  Charlie   35     Tokyo
3    Limin   20     China
```

3. 使用 pandas 库来进行 DataFrame 数据的读取和写入数据库文件

(1) 写入文件。

```
import pandas as pd
importsqlite3
conn = sqlite3.connect('database.db')  # 连接到数据库
data = {'Name':['Alice','Bob','Charlie'],
        'Age':[25,30,35],
        'City':['New York','London','Tokyo']}
df = pd.DataFrame(data)
# 将 DataFrame 写入数据库表
df.to_sql('table_name',conn,if_exists = 'replace',index = False)
conn.close() # 关闭数据库连接
```

(2) 读取文件。

```
import pandas as pd
importsqlite3
conn = sqlite3.connect('database.db')  # 连接到数据库
query = 'SELECT * FROM table_name'  # 读取数据库表
df = pd.read_sql_query(query,conn)
conn.close() # 关闭数据库连接
print(df) # 输出结果
```

```
        Name   Age      City
0      Alice    25   New York
1        Bob    30     London
2    Charlie    35      Tokyo
```

8.4 数据可视化

数据可视化是将数据以图形形式呈现的过程，旨在帮助人们更好地理解和分析数据。通过可视化，数据的模式、趋势、关联以及异常值等可以更直观地被观察和理解。

8.4.1 数据可视化概述

数据可视化是一种将数据转换为图形或图表的方法，以便更直观地理解和分析数据。Pandas 和 Matplotlib 是 Python 中常用的库，用于进行数据可视化。

目的和受众：数据可视化的首要目的是传达信息和洞察力。它可以帮助数据分析师、决策者和普通用户更好地理解数据，从而做出更明智的决策。可视化的受众可以是内部团队成员、管理层、客户或公众等。

图表类型：数据可视化可以采用各种图表类型，如折线图、柱状图、散点图、饼图、箱线图等。每种图表类型都有其适用的数据类型和目的。选择合适的图表类型可以更好地展示数据的特征和关系。

数据预处理：在进行数据可视化之前，通常需要对数据进行一些预处理。这可能包括数据清洗、数据转换、数据聚合等操作，以便使数据适合于可视化。数据预处理的目的是提高可视化的质量和准确性。

可视化工具和库：有许多数据可视化工具和库可供选择，包括 Python 中的 Matplotlib、Seaborn、Plotly，以及 Tableau、Power BI 等商业工具。这些工具提供了丰富的功能和交互性，使用户能够创建各种类型的图表和可视化效果。

设计原则：在进行数据可视化时，需要遵循一些设计原则，以确保可视化的有效性和易读性。这包括选择合适的颜色、图例、标签，避免信息过载，保持简洁和一致性等。

交互性：交互性是现代数据可视化的重要特征之一。通过添加交互功能，用户可以与可视化进行互动，探索数据、过滤数据、放大细节等。交互性使用户能够更深入地探索数据，并从中获取更多洞察力。

数据可视化是数据分析和沟通的重要工具，它能够帮助人们更好地理解数据、发现模式和趋势，并支持决策过程。无论是在商业、科学、社会科学还是其他领域，数据可视化都发挥着关键的作用。

8.4.2 Matplotlib

Matplotlib 是一个用于创建静态、动态和交互式图表的 Python 库。它是 Python 中最常用的数据可视化库之一，提供了广泛的功能和灵活性，以下是 Matplotlib 的一些重要特点和功能。

广泛的图表类型：Matplotlib 支持绘制各种类型的图表，包括折线图、柱状图、散点图、饼图、箱线图、等高线图、热力图等。用户可以根据数据类型和需求选择合适的图表类型。

高度可定制性：Matplotlib 提供了丰富的选项和参数，使用户能够自定义图表的外观和样式。用户可以调整轴标签、图例、线条颜色、填充颜色、图表尺寸等，以满足特定的需求。

支持多种输出格式：Matplotlib 可以将图表保存为多种格式，包括 PNG、JPEG、PDF、SVG 等。这使用户可以方便地将图表用于报告、演示文稿或在线发布。

支持子图和布局：Matplotlib 允许用户在单个图像中创建多个子图，并以不同的布局方式排列它们。这对于同时展示多个相关图表或比较不同数据集非常有用。

交互式功能：Matplotlib 可以与其他库（如 IPython、Jupyter Notebook）结合使用，提供交互式功能。这使用户能够在图表中进行缩放、平移、选择数据点等操作，以便更深入地探索数据。

丰富的文档和社区支持：Matplotlib 拥有详细的文档和示例库，涵盖了各种用法和技巧。此外，Matplotlib 拥有活跃的社区，用户可以在社区中寻求帮助、分享经验和获取新的功能扩展。

1. 折线图

代码示例如下：

```
import matplotlib.pyplot as plt
#准备数据
x = [1,2,3,4,5]    # x轴数据
y = [2,4,6,8,10]   # y轴数据
#创建图表和子图
fig,ax = plt.subplots()
#绘制折线图
ax.plot(x,y,marker='o',linestyle='-',color='b')
#设置标题和轴标签
ax.set_title('折线图示例')
ax.set_xlabel('X轴')
ax.set_ylabel('Y轴')
#显示图例
ax.legend(['数据'],loc='upper left')
#显示图表
plt.show()
```

显示结果如图 8-8 所示。

注意，Jupiter 中汉字显示有问题的情况，可以输入下面的代码来解决。

```
import matplotlib.pyplot as plt
plt.rcParams['font.sans-serif'] = 'SimHei'      # 设置中文字体为 SimHei
plt.rcParams['axes.unicode_minus'] = False      # 解决负号显示问题
```

图 8-8 折线图

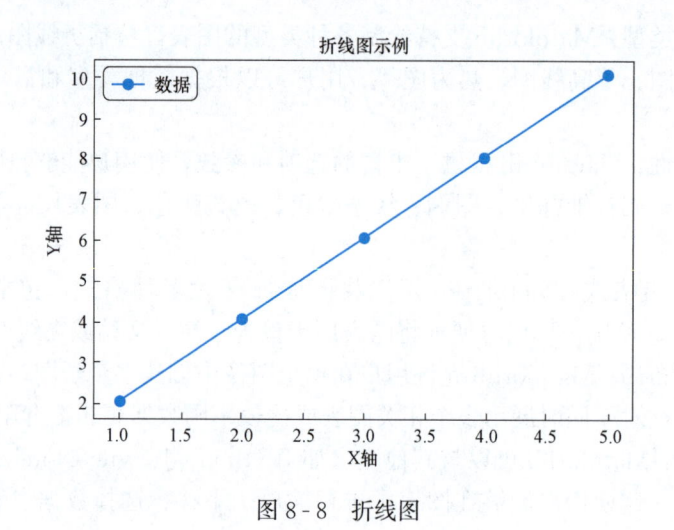

当使用 plot（）函数时，可以通过不同的参数和格式字符串来绘制不同样式的图表。下面将详细讲解 plot（）函数的各个参数和选项。

plot（x，y，format_string，**kwargs）

参数说明：

x：x 轴上的数据，可以是一个列表、数组或 Series。

y：y 轴上的数据，可以是一个列表、数组或 Series。

format_string：可选参数，用于指定绘图的线条样式、颜色和标记样式。它由一个或多个字符组成，例如'b-'表示蓝色实线，'ro'表示红色圆点。具体的格式字符串可以参考 Matplotlib 的文档。

**kwargs：可选的关键字参数，用于进一步自定义绘图的属性，例如线条宽度、标记大小等。

2. 饼图

代码示例如下：

```
importmatplotlib.pyplot as plt
labels = ['苹果','香蕉','草莓','荔枝']
sizes = [25,35,20,20]   # 每一部分的大小
colors = ['gold','yellowgreen','lightcoral','lightskyblue']   # 每一部分的颜色
explode = (0.1,0,0,0)   # 突出显示某一部分
# 绘制饼图
plt.pie(sizes,explode = explode,labels = labels,colors = colors,autopct = '%1.1f%%',shadow = True,startangle = 140)
plt.axis('equal')   # 保持饼图的纵横比相等
plt.title('水果分布图')   # 设置标题
# 显示饼图
plt.show()
```

显示结果如图 8-9 所示。

plt.pie（）是 Matplotlib 中用于绘制饼图的函数，可以根据提供的数据绘制一个圆形

的饼图，展示数据的相对比例。下面是关于 plt.pie()函数的一些参数说明：

x：表示用于绘制饼图的数据，通常是一个包含每一部分大小的列表。

explode：一个可选参数，用于指定是否突出显示某一部分。默认为 None，表示所有部分不突出。如果想突出显示某一部分，可以传入一个与数据列表等长的序列，其中非零值表示相应部分的偏移。

labels：用于设置每一部分的标签，通常是一个包含标签字符串的列表。

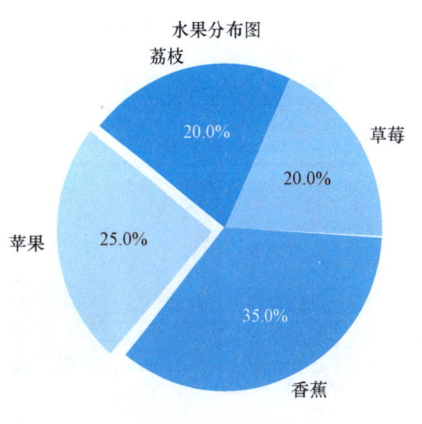

图 8-9 饼图

colors：用于设置每一部分的颜色，通常是一个包含颜色字符串的列表。

autopct：一个可选参数，用于显示每一部分的百分比。可以传入一个格式化字符串，如'％1.1f％％'，表示保留一位小数的百分比。

shadow：一个布尔值，表示是否在饼图下方添加阴影效果。

startangle：起始角度，用于指定饼图的起始角度，默认为 0 度，从正右方向开始绘制。

3. 柱形图

代码示例如下：

```
import matplotlib.pyplot as plt
categories = ['A','B','C','D']
values = [7,13,5,17]
#绘制柱形图
plt.bar(categories,values,color='skyblue')
#添加标题和标签
plt.title('柱形图')
plt.xlabel('品牌')
plt.ylabel('大小')
#显示柱形图
plt.show()
```

显示结果如图 8-10 所示。

基于篇幅的原因，其他的图就不做介绍了。

8.4.3　Echarts

ECharts（Enterprise Charts）是百度开发的一款基于 JavaScript 的开源可视化库，用于创建交互式的图表和数据可视化。

特点：

强大的功能：ECharts 支持各种常见的图表类型，包括折线图、柱状图、饼图、散点图、雷达图、地图等，以及复杂的关系图、热力图等。

图 8-10 柱形图

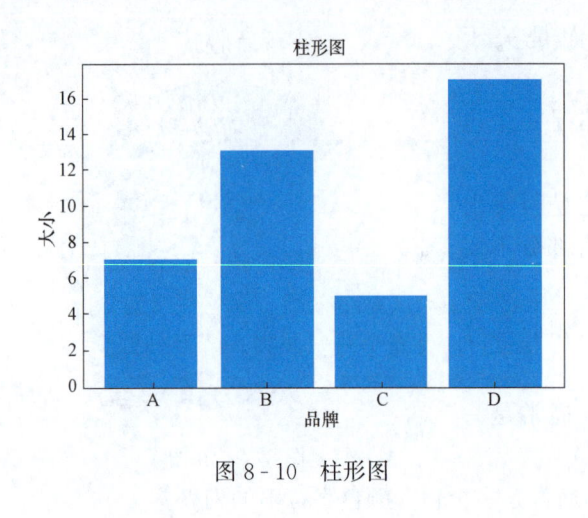

交互性：ECharts 提供丰富的交互功能，用户可以通过缩放、拖动、悬停等方式与图表进行交互，提供更好的用户体验。

响应式设计：ECharts 支持响应式设计，可以根据不同设备的屏幕大小自动调整图表的布局和大小。

丰富的配置项：用户可以通过配置项定制化图表的外观和行为，包括颜色、样式、动画效果等。

多平台支持：ECharts 可以在 Web 端、移动端以及 Node.js 环境下使用，适用于各种项目和场景。

社区支持：ECharts 拥有庞大的用户社区和开发团队，提供丰富的文档、示例和支持，便于用户学习和使用。

主要组件：

ECharts 图表库：包含各种常见的图表类型，用户可以根据需要选择合适的图表类型进行展示。

ECharts 数据工具：用于数据预处理、数据转换和数据展示，提供了数据驱动的方式来生成图表。

ECharts 地图库：用于展示地理数据和地图相关的图表，支持热力图、散点地图、线图等地图类型。

ECharts 主题：提供了多种预定义的主题样式，用户可以选择合适的主题来定制化图表的外观。

安装 echarts 的过程：

（1）找到 python 安装的文件的位置，找到 Scripts 文件夹，如图 8-11 示。

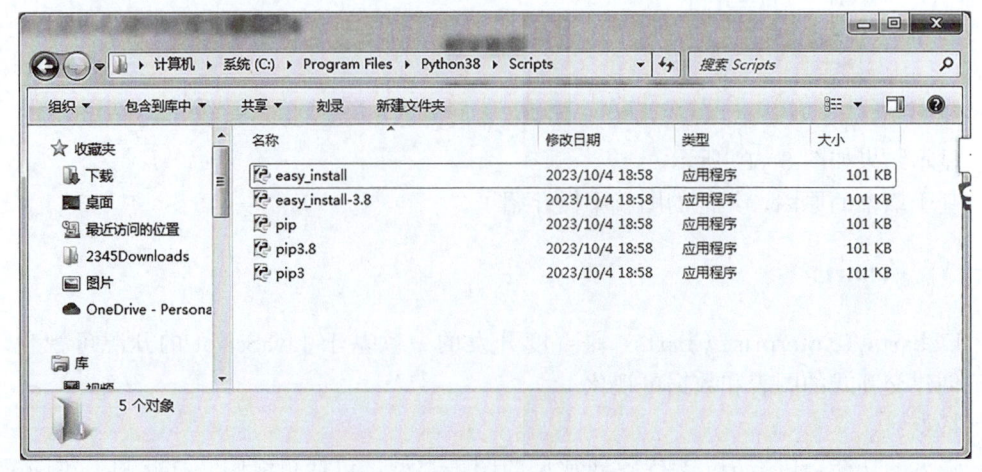

图 8-11 打开 Scripts 文件夹

(2) 在文件夹的空白处，按 shift 键，同时单击鼠标右键，选中"在此处打开命令窗口"项，如图 8-12 示。

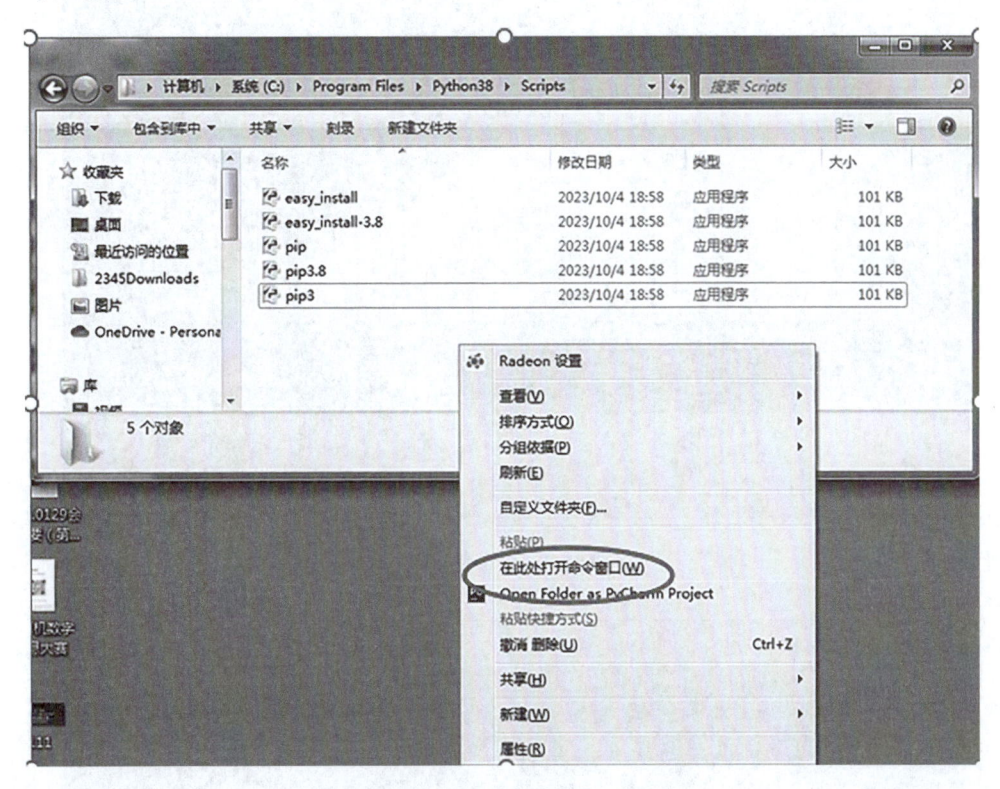

图 8-12 "在此处打开命令窗口"

(3) 在命令窗口中输入 pip，看看是否能够正常运行，如图 8-13 所示，如果正常，输入 pip install pyecharts，就开始安装 pyecharts，如图 8-14 所示。安装完成如图 8-15 所示。

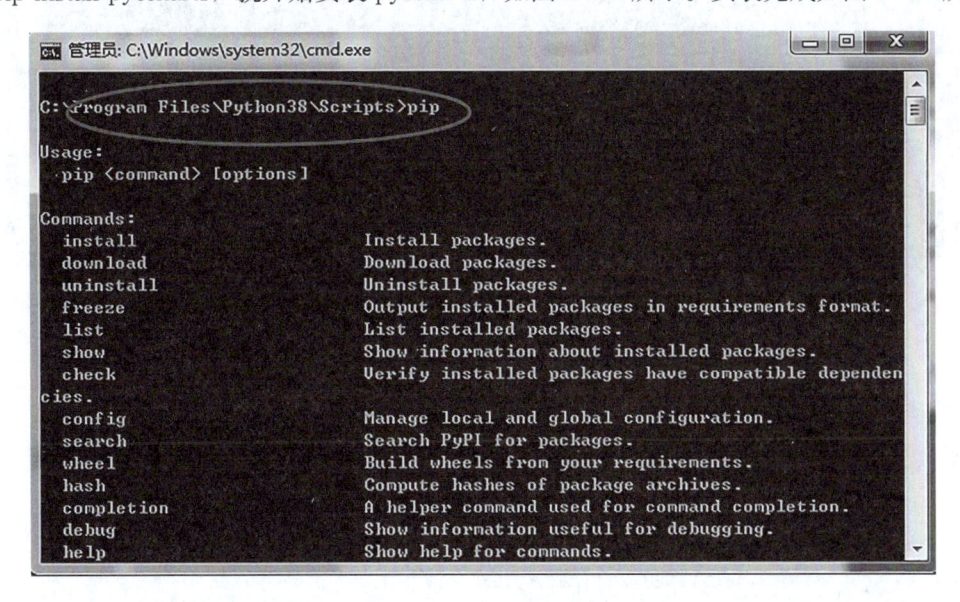

图 8-13 输入 pip 命令

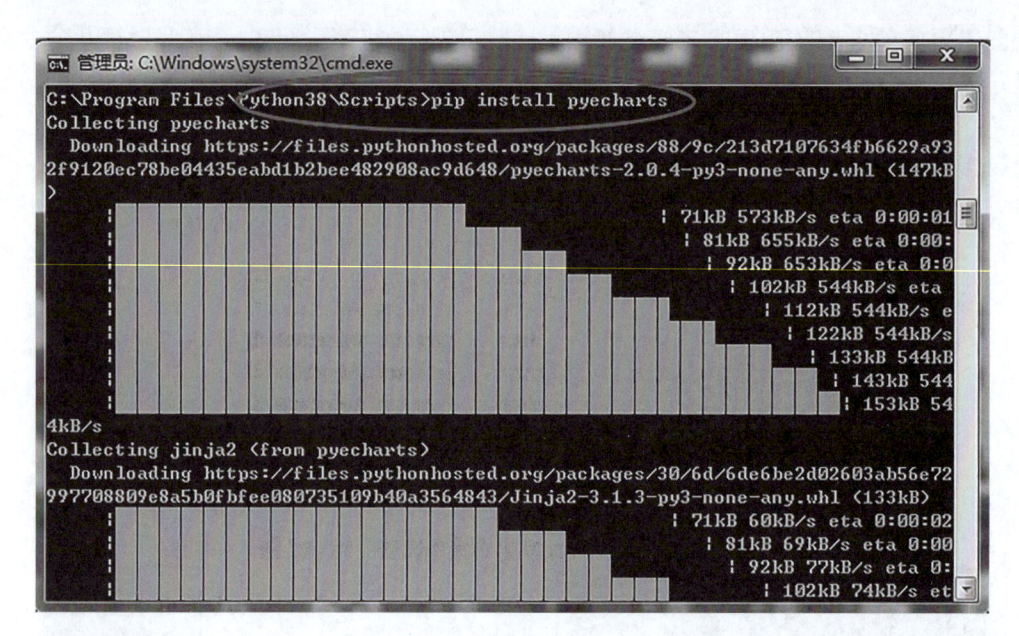

图 8-14　安装 pyecharts

图 8-15　pyecharts 安装完成

1. 折线图

代码示例如下：

```
importpyecharts. options as opts
frompyecharts. charts import Line
x_data = ["烟酒","衣着","居住","生活","交通","文娱","医疗","其他"]
y_data = [5631,1289,4647,1223,2675,2226,1685,477]
line = (
```

```
        Line()
        .add_xaxis(xaxis_data = x_data)
        .add_yaxis(series_name = "支出情况",y_axis = y_data,symbol = "arrow",_
        is_symbol_show = True)
        .set_global_opts(title_opts = opts.TitleOpts(title = "折线图"))
)
line.render("折线图.html")
```

显示结果如图 8-16 所示。

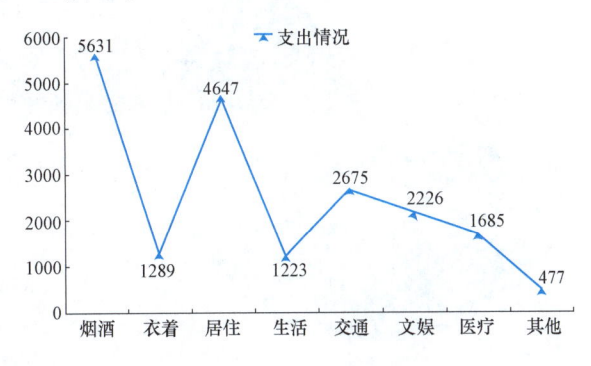

图 8-16 Echarts 折线图

2. 饼图

代码示例如下：

```
importpyecharts.options as opts
frompyecharts.charts import Pie
x_data = ["烟酒","衣着","居住","生活","交通","文娱","医疗","其他"]
y_data = [5631,1289,4647,1223,2675,2226,1685,477]
data_pair = [list(z) for z in zip(x_data,y_data)]
data_pair.sort(key = lambda x: x[1])
(
Pie(init_opts = opts.InitOpts(width = "1200px",height = "800px"))
.add(
series_name = "支出情况",
data_pair = data_pair,
radius = "55%",
center = ["30%","50%"],
label_opts = opts.LabelOpts(is_show = False,position = "center"),
)
.set_global_opts(title_opts = opts.TitleOpts(title = "饼图"))
.set_series_opts(
tooltip_opts = opts.TooltipOpts(
trigger = "item",formatter = "{a} <br/>{b}: {c} ({d}%)"
),
label_opts = opts.LabelOpts(color = "rgba(0,0,0,0.6)"),
```

```
)
    .render("饼图.html")
)
```

显示结果如图 8-17 所示。

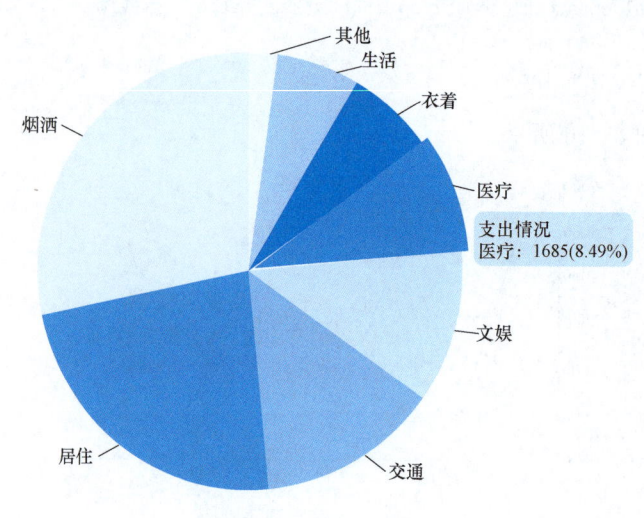

图 8-17 Echarts 饼图

3. 柱形图

代码示例如下：

```
frompyecharts.globals import ThemeType
frompyecharts import options as opts
frompyecharts.charts import Bar
x_data = ["烟酒","衣着","居住","生活","交通","文娱","医疗","其他"]
y_data = [5631,1289,4647,1223,2675,2226,1685,477]
bar = (
    Bar(init_opts = opts.InitOpts(theme = ThemeType.LIGHT))
    .add_xaxis(x_data)
    .add_yaxis("支出情况",y_data)
    .set_global_opts(title_opts = opts.TitleOpts(title = "柱状图"))
)
bar.render("柱状图.html")
```

显示结果如图 8-18 所示。

基于篇幅的原因，其他的图就不做介绍了。

本节通过例子介绍了 Matplotlib 和 Echarts，在选择使用 Matplotlib 还是 Echarts 时，可以根据具体需求来决定：如果在 Python 环境中进行数据分析和可视化，并且想要创建静态图表，可以选择 Matplotlib；如果需要创建交互式和动态的数据可视化，并且愿意使用 JavaScript 进行前端开发，可以选择 Echarts。

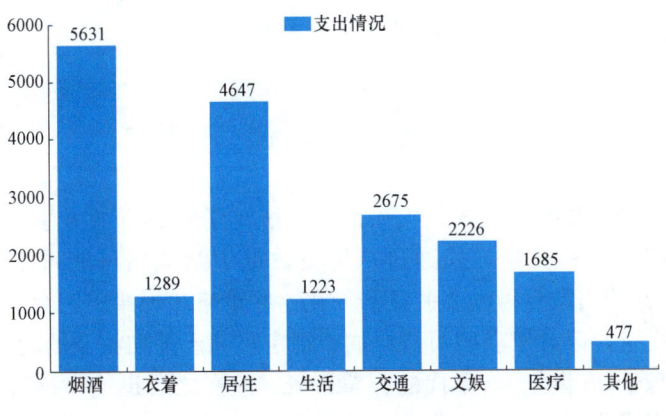

图 8-18　Echarts 柱状图

第9章 量化交易基础

9.1 初识量化交易

量化交易是一种证券投资方式,它借助现代统计学和数学的方法,并利用计算机技术来制定交易策略。这种交易方式通过从历史数据中筛选出可能带来超额收益的多种"大概率"事件,并使用数量模型来验证和固化这些策略和规律。它会严格执行这些已固化的策略来指导投资,以寻求获得可持续的、稳定且高于平均收益的超额回报。

量化交易起源于 20 世纪 70 年代的股票市场,并在之后迅速发展和普及,特别是在期货交易市场,程序化交易逐渐成为主流。量化交易可以进一步细分为自动化交易、量化投资、程序化交易、算法交易以及高频交易,这些交易方式各有侧重,是量化交易技术发展到不同阶段的产物,也适用于不同的投资者群体。

量化交易的主要优势在于其能够减少人为情绪对投资决策的影响,避免在市场极度狂热或悲观的情况下做出非理性的投资决策。此外,量化交易追求的是长期的稳定收益,而不是短期的高收益,因此其风险相对较小。

当然,量化交易也存在一定的风险和挑战,例如模型风险、数据风险、技术风险等。因此,投资者在进行量化交易时需要具备一定的专业知识和技能,同时也需要谨慎评估风险,制定合理的投资策略。

9.1.1 量化交易的概念

一般来说,量化交易就是借助先进的数学模型与计算机技术,通过对海量历史数据的分析回测,找出能带来超额收益的时间或规律,并以此制定交易策略的一种证券投资方式。为了方便理解量化交易的过程。

【实例 9-1】有一个初出茅庐的股市新手,看着眼前纷繁杂乱的股票信息,一时间不知道如何下手,只是脑海中隐约有一个想法:在股票价格上升势头迅猛时买入,等待继续升值;相反地,在股票价格持续下跌时卖出,及时止损。他最想知道的是,这种想法究竟能不能赚到钱?

分析:以交易策略而言,这显然太过模糊,比如什么算上升势头迅猛?如何判断股票价格持续下跌?为了让描述更加清楚,可以细化为:在股票收盘价格连续 5 天比过去 5 日的平均价格更高时,买入该股票在股票收盘价格连续 5 天比过去 5 日的平均价格更低时,卖出该股票。

但仅仅是这样仍旧不够,要买哪些股票呢?买入、卖出的数量又分别是多少?所以可以进一步调整为:在市值大于 50 亿元,小于 80 亿元的公司股票中选择;在股票收盘价格连续 5 天比过去 5 日的平均价格更高时,买入 100 股在股票收盘价格连续 5 天比过去 5 日的平均价格更低时,卖出全部。

在整理出相对明确的股票策略之后,下一步要做的就是将策略转换成代码形式,也就是要让计算机明白这个策略想要干什么。上述策略转换成代码后示例如下。

注:涉及的量化交易代码基于聚宽(JoinQuant)平台。

```
def initialize(context):
    q = query(
        valuation
    ).filter(
        valuation.market_cap <= 80,50 <= valuation.market_cap)
    g.stocks = list(get_fundamentals(q)['code'])
    g.stocks_tendency = {}
    for code in g.stocks:
        g.stocks_tendency[code] = 0


def handle_data(context,data):
    for code in g.stocks:
        close_data = attribute_history(code,5,'1d',['close'])
        end_price = close_data['close'][-1]
        ma5 = close_data['close'].mean()
        if ma5 > end_price:
            if g.stocks_tendency[code] > 0:
                g.stocks_tendency[code] = 0
            g.stocks_tendency[code] -= 1
            if g.stocks_tendency[code] <= -5:
                order_target(code,0)
        elif ma5 < end_price:
            if g.stocks_tendency[code] < 0:
                g.stocks_tendency[code] = 0
            g.stocks_tendency[code] += 1
            if g.stocks_tendency[code] >= 5:
                order(code,100)
```

通过上面的例子，阐述了量化交易的过程，说简单一点，就是将资本市场买卖股票的想法（也就是策略），编写为程序代码，让程序代码来完成买入和卖出。策略的核心是一个数学模型，它可以根据历史数据来预测未来的价格走势。当满足特定条件时，模型会自动生成交易信号，并通过计算机程序自动执行买卖操作。这样，投资者就可以在不需要实时监控市场的情况下，根据模型的预测进行交易。

需要注意的是，量化交易并非适用于所有投资者或所有市场环境的"万能钥匙"。它要求投资者具备一定的编程和数据分析能力，同时还需要对市场的运行规律有深入的理解。此外，由于量化交易通常涉及高频交易和复杂的算法，因此也存在较高的技术风险和合规风险。

9.1.2 量化交易的优势

量化交易的优势有很多，其中主要优势有以下几点。

（1）更高更快的效率：股市是瞬息万变的，任何以秒为单位的误差都可能造成深远的影响，在这种情况下，计算机通过预先设计好的策略与标准进行交易，延迟会远远小于人工操作，在股票交易中的效率会高出很多。

（2）更科学有效的衡量分析方法：相比起人工总结，量化交易有着海量的历史数据支撑，可以对股票策略进行全方位、充足的分析，并通过专业的数学、统计学数据给出策略模拟的科学结果，而人工分析总结所能参考的数据样例终归是受限于个人的，很难与量化交易的衡量水平相媲美。

（3）更强的纪律性，避免人工造成的误差：人工操作股票，可能被种种与股市无关的因素影响，如个人情绪被一些捕风捉影的消息而影响，进而影响股市操作，又或者是因为身体原因而来不及操作股票，进而失去了某些重要的机会，但量化交易可以最大限度地减少这些因素所带来的影响，收益基本只和策略定制的好坏直接挂钩。

（4）更敏锐的捕捉机会能力：量化交易可以通过计算机的高效分析在海量数据中总结出正常人难以观测到的盈利机会，更快的交易速度也可以更加迅捷地捕捉到这些可能转瞬即逝的机会。

总之，量化交易通过复杂的数学模型和算法，能够更精确地分析市场趋势，寻找投资机会。相较于传统的交易方式，量化交易投资范围广泛，策略灵活，不局限于特定的市场或资产类别。量化交易追求绝对收益，无论市场涨跌，都能保持稳定的收益。此外，量化交易通常与主要市场指数相关性较低，具备资产配置价值，能够在不同的市场环境下实现资产的保值增值。最后，量化交易策略通常与主要市场指数相关性较低，具备资产配置价值，能够在不同的市场环境下实现资产的保值增值。

9.2 量化交易的内容

9.2.1 量化内容

在［实例 9-1］中，如果有了一个可以使用的炒股策略，而这个策略则是由一个简单的想法一步步细化所得到的结果，这就是量化交易中"量化"的过程，也就是量化内容。

顾名思义，量化的意思就是数量化，是通过数学模型与计算机语言表达，将模糊化的东西明确化，放在资本市场的交易中，量化的对象可以是自己的交易想法，也可以是资本市场中的一些走向规律，将它们总结归纳成恒定的规律，才能转换成交易策略，进而由计算机进行验证。

量化内容主要指的是量化交易的内容，它涉及使用数学模型、统计分析和计算机算法来执行交易决策的过程。这一过程主要包括以下几个步骤。

（1）数据收集：量化交易者需要收集大量的历史数据，包括价格、成交量、交易时间等，这些数据可以来自交易所、金融数据供应商或其他数据源。

（2）数据处理和分析：收集到的数据需要进行清洗、整理和转换，以便进行统计分析和模型建立。常用的数据分析方法包括时间序列分析、统计指标计算和图表模式识别等。

（3）模型开发和回测：基于历史数据，量化交易者会构建数学模型和交易策略。这些模型可以包括趋势跟踪、均值回归、统计套利等。模型开发完成后，还需要进行回测，以验证模型的有效性和可靠性。

（4）实时交易执行：一旦模型通过回测验证，就可以将其嵌入到交易系统中，通过自动化程序进行实时交易决策和执行。这可能涉及与交易所的连接和订单执行等技术。

量化交易的核心思想是利用数学模型和算法，将交易决策过程系统化和规则化，从而消除情绪和主观因素对交易的影响。通过精细化的数据分析和算法设计，量化交易者能够更准确地识别市场中的模式、趋势和交易机会，以实现更高的交易效率和准确性。

9.2.2 量化择时

量化择时是一种利用数学模型和算法来判断市场走势的方法，旨在选择最佳的交易时机。它通过对历史数据的研究和分析，结合市场趋势、技术指标等因素，来预测未来市场的走势，并据此制定交易策略。

量化择时通常涉及以下多个方面的考虑。

（1）趋势跟踪：趋势跟踪是量化择时中常用的一种方法。它基于市场趋势的持续性，通过技术分析的手段来识别市场趋势，并在趋势形成时采取相应的交易策略。常见的趋势跟踪指标包括移动平均线、相对强弱指数（RSI）等。

（2）技术指标分析：技术指标是量化择时中常用的工具，它们通过对历史价格数据的计算和统计，提取出反映市场走势的特征和信号。常见的技术指标包括均线、MACD、布林带等。

（3）市场情绪分析：市场情绪分析是量化择时中的另一种方法。它通过观察市场的参与者和投资者的情绪变化，来判断市场的走势。例如，当市场情绪过于乐观时，可能意味着市场即将出现回调；当市场情绪过于悲观时，可能意味着市场即将反弹。

（4）机器学习算法：近年来，随着机器学习技术的发展，越来越多的量化择时策略开始运用机器学习算法来预测市场走势。这些算法可以通过对历史数据的学习和训练，挖掘出隐藏在数据中的模式和规律，并据此进行交易决策。

需要注意的是，量化择时并非万能的，它也存在一定的局限性和风险。首先，市场走势受到众多因素的影响，任何一种方法都难以完全准确地预测市场。其次，量化择时需要大量的数据和计算能力支持，对于普通投资者来说可能存在较高的门槛。最后，量化择时也需要结合个人的风险承受能力和投资目标来制定合适的交易策略。

因此，投资者在选择量化择时策略时，需要充分了解其原理、风险收益特点以及自身的投资需求，做出合理的决策。同时，也需要注意合规性和风险管理，避免因为不当的交易行为而遭受损失。

9.2.3 量化交易

量化交易提供的基本检验方式有回测和模拟交易两种方法。

1. 回测

回测是量化交易策略检验中常用的一种方法，主要是通过计算机模拟执行交易策略，以评估策略在历史数据上的表现。回测基于一段时间内的历史数据，通过模拟实际市场环境，按照交易策略进行买卖操作，并记录每次交易的盈亏情况、下单情况、持仓变化等，最终生成一份详细的回测报告。

2. 模拟交易

模拟交易指的是让计算机根据实际情况模拟执行策略一段时间，根据模拟结果评估交易策略，通过虚拟交易可以锻炼自己的交易技巧和测试交易策略，同时降低实际交易带来的风险。模拟交易的优势在于，投资者可以在不投入真实资金的情况下，体验真实的交易环境和流程，了解市场趋势，掌握交易策略，从而更好地进行实际交易。

回测是模拟策略在过去股票行情下的表现，模拟交易是模拟策略在现在及未来一段时间内的表现，如果一个策略在这两种模拟的中表现都不错，那么就可以考虑让计算机使用这个策略进行实盘交易。

第10章 Python编写量化交易策略

10.1 量化交易策略

量化交易策略是指通过数学、统计学的方法，利用计算机技术，对大量历史数据进行分析处理，提取有价值的信息和特征，从而预测金融市场未来的变化趋势，并据此做出交易决策。以下是量化交易策略的一些主要类型和优缺点。

1. 类型

趋势类策略，具体还可以分为均线策略、海龟策略、震荡策略等，主要依赖传统的公式指标计算开仓平仓。马丁类策略，一种在外汇交易中应用频繁的策略，其特点是通过逆势或顺势加仓的方式，直至盈利出局，再进行下一轮建仓。网格类策略，将盘面网格化，对价格空间进行平均分配，然后依照各个坐标位进行建仓、平仓操作。人工智能策略，利用神经网络算法，通过大数据学习和深度训练，实现准确预测未来行情变化并进行稳定盈利。

2. 优点

能够大幅提升短线交易的速度，并可以同时处理多只股票的交易，提高交易效率。不受人为情绪的影响，能够更客观地执行交易决策。

3. 缺点

当市场风格发生变化时，量化交易策略可能无法及时适应，需要手动调整策略以顺应新的市场风格。

此外，还有一些其他的交易策略，如日内高抛低吸、打板策略、开板卖出、指标买入/卖出、均价买入/卖出、分批买入/卖出等，这些策略主要是基于市场波动、新股上市、技术分析等因素进行交易决策。

10.1.1 获取股票数据函数

1. 获取多只股票单个数据字段函数

history（count，unit='1d'，field='avg'，security_list=None，df=True，skip_paused=False，fq='pre'）

描述：获取历史数据，可查询多个标的单个数据字段，返回数据格式为 DataFrame 或 Dict（字典）。

参数

count：数量，返回的结果集的行数。

unit：单位时间长度，几天或者几分钟，现在支持'Xd', 'Xm', X 是一个正整数，分别表示 X 天和 X 分钟（不论是按天还是按分钟回测都能拿到这两种单位的数据），注意，当 X＞1 时，field 只支持 ['open', 'close', 'high', 'low', 'volume', 'money'] 这几个标准字段。

field：要获取的数据类型，支持 SecurityUnitData 里面的所有基本属性，包含：['

open', ' close', 'low', 'high', 'volume', 'money', 'factor', 'high＿limit', ' low＿limit', ' avg', ' pre＿close', 'paused']

security＿list：要获取数据的股票列表；None 表示查询 context.universe 中所有股票的数据，context.universe 需要使用 set＿universe 进行设定，形如：set＿universe（['000001.XSHE','600000.XSHG']）。

df：若是 True，返回［pandas.DataFrame］，否则返回一个 dict，具体请看下面的返回值介绍，默认是 True。之所以增加 df 参数，是因为［pandas.DataFrame］创建和操作速度太慢，很多情况并不需要使用它。为了保持向上兼容，df 默认是 True，但是如果回测速度很慢，请考虑把 df 设成 False。

skip＿paused：是否跳过不交易日期（包括停牌，未上市或者退市后的日期）。如果不跳过，停牌时会使用停牌前的数据填充（具体请看 SecurityUnitData 的 paused 属性），上市前或者退市后数据都为 nan，但要注意：默认为 False，如果跳过，则行索引不再是日期，因为不同股票的实际交易日期可能不一样。

fq：复权选项（对股票/基金的价格字段、成交量字段及 factor 字段生效）。

(1) 'pre'：前复权（根据'use＿real＿price'选项不同含义会有所不同，参见［set＿option］），默认是前复权。

(2) None：不复权，返回实际价格。

(3) 'post'：后复权。

返回：该函数返回的数据格式可以是 DataFrame 或 Dict。

示例：

```
#导入必要的库
from jqdata import *
import pandas as pd
#定义股票列表,这里以'600000.XSHG'(浦发银行)和'600016.XSHG'(民生银行)为例
security_list = ['600000.XSHG','600016.XSHG']
#使用 history 函数获取多只股票的收盘价数据
#参数说明:
#    - count:获取最近多少个交易日的数据
#    - unit:时间单位,'1d'表示天
#    - field:数据字段,'close'表示收盘价
#    - security_list:股票列表
#    - df:是否以 DataFrame 格式返回,True 为 DataFrame,False 为 dict
dataframe = history(count = 10,unit = '1d',field = 'close',security_list = security_list,df = True)
#显示获取到的数据
#注意 field 里面只能有一个字段,否则就报错
print(dataframe)
```

运行结果如图 10-1 所示。

2. 获取一只股票多个数据字段函数

attribute＿history (security, count, unit='1d', fields=['open', 'close', 'high', ' low', 'volume', 'money'], skip＿paused=True, df=True, fq='pre')

```
            600000.XSHG  600016.XSHG
2024-03-07      7.14         4.08
2024-03-08      7.12         4.07
2024-03-11      7.11         4.05
2024-03-12      7.10         4.02
2024-03-13      7.04         3.97
2024-03-14      7.04         3.95
2024-03-15      7.09         3.99
2024-03-18      7.09         3.98
2024-03-19      7.01         3.95
2024-03-20      7.03         3.96
```

图 10-1 获取两只股票 10 天的收盘价数据

描述：获取历史数据，可查询单个标的多个数据字段，返回数据格式为 DataFrame 或 Dict（字典）。

参数

security：股票代码

count：数量，返回的结果集的行数。

unit：单位时间长度，几天或者几分钟，现在支持 'Xd'，'Xm'，X 是一个正整数，分别表示 X 天和 X 分钟（不论是按天还是按分钟回测都能拿到这两种单位的数据），注意，当 X＞1 时，field 只支持 ['open', 'close', 'high', 'low', 'volume', 'money'] 这几个标准字段。

fields：股票属性的 list，支持 SecurityUnitData 里面的所有基本属性，包含：['open', 'close', 'low', 'high', 'volume', 'money', 'factor', 'high_limit', 'low_limit', 'avg', 'pre_close', 'paused']。

skip_paused：是否跳过不交易日期（包括停牌，未上市或者退市后的日期）．如果不跳过，停牌时会使用停牌前的数据填充（具体请看 [SecurityUnitData] 的 paused 属性），上市前或者退市后数据都为 nan，默认是 True。

df：若是 True，返回 [pandas.DataFrame]，否则返回一个 dict，具体请看下面的返回值介绍，默认是 True。之所以增加 df 参数，是因为 [pandas.DataFrame] 创建和操作速度太慢，很多情况并不需要使用它。为了保持向上兼容，df 默认是 True，但是如果回测速度很慢，请考虑把 df 设成 False。

fq：复权选项（对股票/基金的价格字段、成交量字段及 factor 字段生效）。

(1) 'pre'：前复权（根据'use_real_price'选项不同含义会有所不同，参见 [set_option]），默认是前复权。

(2) None：不复权，返回实际价格。

(3) 'post'：后复权。

返回：该函数返回的数据格式可以是 DataFrame 或 Dict。

【实例 10-1】 输出平安银行近 10 日的开盘价、收盘价、最高价、最低价和交易量。

```
from jqdata import *
import pandas as pd
security = '000001.XSHE'   #平安银行,深圳股票交易所上市
#只能有一只股票代码,否则就报错
    #需要获取的数据条数
```

```
count = 10    #获取最近10条数据
#时间单位
unit = '1d'    #每天一条数据
#需要获取的字段列表
fields = ['open','close','high','low','volume']    #开盘价、收盘价、最高价、最低价和交易量
#调用 attribute_history 函数获取历史数据
data = attribute_history(security,count,unit,fields)
#输出获取到的数据
print(data)
```

运行结果如图 10-2 所示。

```
            open   close  high   low    volume
2024-03-08  10.35  10.38  10.44  10.30  111397428.0
2024-03-11  10.38  10.47  10.47  10.34  121067298.0
2024-03-12  10.48  10.56  10.59  10.41  164126237.0
2024-03-13  10.53  10.33  10.55  10.30  176803911.0
2024-03-14  10.30  10.23  10.38  10.20  140939973.0
2024-03-15  10.55  10.60  10.75  10.50  375020789.0
2024-03-18  10.56  10.54  10.61  10.49  167139651.0
2024-03-19  10.53  10.40  10.54  10.39  129321558.0
2024-03-20  10.38  10.45  10.47  10.37   87266316.0
2024-03-21  10.45  10.47  10.52  10.42   86446625.0
```

图 10-2 ［实例 10-1］程序运行结果

【实例 10-2】 输出平安银行近 100 日收盘为阳线的报价信息。

```
from jqdata import *
import pandas as pd
security = '000001.XSHE'    #平安银行,深圳股票交易所上市
#需要获取的数据条数
count = 20    #获取最近20条数据
#时间单位
unit = '1d'    #每天一条数据
#需要获取的字段列表
fields = ['open','close','high','low','volume']    #开盘价、收盘价、最高价、最低价和交易量
#调用 attribute_history 函数获取历史数据
dataframe1 = attribute_history(security,count,unit,fields)
myc1 = dataframe1['open']
myc2 = dataframe1['close']
dataframe1[myc1< myc2]    #收盘价大于开盘价,收阳线
```

运行结果如图 10-3 所示。

3. 获得多个标的多个数据字段

get_price（security, start_date=None, end_date=None, frequency='daily', fields=None, skip_paused=False, fq='pre', count=None, panel=True, fill_paused=True)

描述：获取历史数据，可查询多个标的多个数据字段，返回数据格式为 DataFrame。

参数

	open	close	high	low	volume
2024-02-27	10.49	10.50	10.60	10.46	198190492.0
2024-02-29	10.42	10.59	10.59	10.41	184534423.0
2024-03-05	10.30	10.43	10.47	10.26	181731907.0
2024-03-07	10.33	10.38	10.64	10.33	201616589.0
2024-03-08	10.35	10.38	10.44	10.30	111397428.0
2024-03-11	10.38	10.47	10.47	10.34	121067298.0
2024-03-12	10.48	10.56	10.59	10.41	164126237.0
2024-03-15	10.55	10.60	10.75	10.50	375020789.0
2024-03-20	10.38	10.45	10.47	10.37	87266316.0
2024-03-21	10.45	10.47	10.52	10.42	86446625.0
2024-03-25	10.35	10.40	10.49	10.32	95320221.0

图 10-3 近 20 日收阳线的运行结果

security：一只股票代码或者一个股票代码的 list。

count：与 start_date 二选一，不可同时使用。数量，返回的结果集的行数，即表示获取 end_date 之前几个 frequency 的数据。

start_date：与 count 二选一，不可同时使用，字符串 datetime.datetime/datetime.date 对象，开始时间。

如果 count 和 start_date 参数都没有，则 start_date 生效，值是'2015－01－01'。注意：当取分钟数据时，时间可以精确到分钟，比如：传入 datetime.datetime（2015，1，1，10，0，0）或者'2015－01－01 10：00：00'。当取分钟数据时，如果只传入日期，则日内时间是当日的 00：00：00，取当天数据时，传入的日内时间会被忽略。

end_date：格式同上，结束时间，默认是'2015－12－31'，包含此日期。注意：当取分钟数据时，如果 end_date 只有日期，则日内时间等同于 00：00：00，所以返回的数据是不包括 end_date 这一天的。

frequency：单位时间长度，几天或者几分钟，现在支持'Xd', 'Xm', 'daily'（等同于'1d'）, 'minute'（等同于'1m'），X 是一个正整数，分别表示 X 天和 X 分钟（不论是按天还是按分钟回测都能拿到这两种单位的数据），注意，当 X＞1 时，fields 只支持［'open', 'close', 'high', 'low', 'volume', 'money'］这几个标准字段，默认值是 daily。

fields：字符串 list，选择要获取的行情数据字段，默认是 None（表示［'open', 'close', 'high', 'low', 'volume', 'money'］这几个标准字段），支持 SecurityUnitData 里面的所有基本属性，包含：［'open', 'close', 'low', 'high', 'volume', 'money', 'factor', 'high_limit', 'low_limit', 'avg', 'pre_close', 'paused', 'open_interest'］，其中 paused 为 1 表示停牌。

skip_paused：是否跳过不交易日期（包括停牌，未上市或者退市后的日期）。如果不跳过，停牌时会使用停牌前的数据填充（具体请看 SecurityUnitData 的 paused 属性），上市前或者退市后数据都为 nan，但要注意：默认为 False；当 skip_paused 是 True 时，获取多个标的时需要将 panel 参数设置为 False（panel 结构需要索引对齐）。

panel：获取多标的数据时建议设置 panel 为 False，返回等效的 dataframe。

fill_paused：对于停牌股票的价格处理，默认为 True；True 表示用 pre_close 价格填充；False 表示使用 NAN 填充停牌的数据。

返回：如果是一只股票，则返回［pandas.DataFrame］对象；如果是多只股票，则返回［pandas.Panel］对象。

【实例 10-3】 获得平安银行'2024-03-01'到'2024-03-15'的交易数据。

```
from jqdata import *
import pandas as pd
security = '000001.XSHE'   #平安银行
df1 = get_price(security,start_date = '2024-03-01',end_date = '2024-03-15',frequency = 'daily')
df1
```

运行结果如图 10-4 所示。

	open	close	high	low	volume	money
2024-03-01	10.59	10.49	10.60	10.43	182810290.0	1.917689e+09
2024-03-04	10.45	10.33	10.50	10.32	165592954.0	1.719563e+09
2024-03-05	10.30	10.43	10.47	10.26	181731907.0	1.889144e+09
2024-03-06	10.40	10.33	10.45	10.33	134564016.0	1.396940e+09
2024-03-07	10.33	10.38	10.64	10.33	201616589.0	2.109589e+09
2024-03-08	10.35	10.38	10.44	10.30	111397428.0	1.154491e+09
2024-03-11	10.38	10.47	10.47	10.34	121067298.0	1.260212e+09
2024-03-12	10.48	10.56	10.59	10.41	164126237.0	1.722000e+09
2024-03-13	10.53	10.33	10.55	10.30	176803911.0	1.834655e+09
2024-03-14	10.30	10.23	10.38	10.20	140939973.0	1.448500e+09
2024-03-15	10.55	10.60	10.75	10.50	375020789.0	3.973799e+09

图 10-4 使用 get_price 获取平安银行交易数据

【实例 10-4】 获取两只股票的开盘数据。

```
import pandas as pd
panel1 = get_price(['000009.XSHE','000001.XSHE'],start_date = '2022-5-30',end_date = '2022-6-14',frequency = 'daily')
panel1['open',:,:]
```

运行结果如图 10-4 所示。

【实例 10-5】 获取两只股票的某个时间的交易数据。

```
import pandas as pd
panel1 = get_price(['000009.XSHE','000001.XSHE'],start_date = '2022-5-30',end_date = '2022-6-14',frequency = 'daily')
panel1[:,'2022-5-30',:]
```

运行结果如图 10-6 所示。

注意：history（）获取多只股票单个数据字段函数，attribute_history（）获取一只股票的多个字段，get_price()如果是两个以上股票多个字段，返回是 Panel 类型，panel［列标，行标，股票代码］，这是三个函数的主要区别。

4. 获取单个交易日财务数据函数

get_fundamentals (query_object, date=None, statDate=None)

描述：获取单个交易日股票的财务数据。

参数：

query_object：一个 sqlalchemy. orm. query. Query 对象，可以通过全局的 query 函数获取 Query 对象。

Date：查询日期，一个字符串（类似'2023－10－15'）或［datetime. date］/［datetime. datetime］对象，可以是 None，使用默认日期。这个默认日期在回测和研究模块上有点差别：回测模块：默认值会随

	000009.XSHE	000001.XSHE
2022-05-30	12.12	13.67
2022-05-31	11.65	13.49
2022-06-01	11.74	13.56
2022-06-02	12.33	13.44
2022-06-06	14.02	13.34
2022-06-07	13.71	13.44
2022-06-08	13.49	13.58
2022-06-09	13.62	13.56
2022-06-10	13.54	13.67
2022-06-13	13.63	13.60
2022-06-14	13.74	13.15

图 10-5 使用 get_price 获取两只股票一个时间段的开盘数据

	open	close	high	low	volume	money
000009.XSHE	12.12	11.71	12.17	11.61	57419311.0	6.759693e+08
000001.XSHE	13.67	13.50	13.69	13.46	93529259.0	1.265573e+09

图 10-6 获取两只股票的某个时间的交易数据

着回测日期变化而变化，等于 context. current_dt 的前一天（实际生活中我们只能看到前一天的财报和市值数据，所以要用前一天）。

研究模块：使用平台财务数据的最新日期，一般是昨天。

statDate：财报统计的季度或者年份，一个字符串，有两种格式：

季度：格式是：年+'q'+季度序号，例如：'2015q1'，'2013q4'。

年份：格式就是年份的数字，例如：'2015'，'2016'。

返回：返回一个［pandas. DataFrame］，每一行对应数据库返回的每一行（可能是几个表的联合查询结果的一行），列索引是你查询的所有字段。

【实例 10-6】 查询'000001.XSHE'的所有财务数据，时间是 2024－3－15。

```
from jqdata import *
import pandas as pd
q = query(
    valuation
).filter(
    valuation.code == '000001.XSHE'
)
df = get_fundamentals(q,'2024-03-15')
#打印出总市值
df
```

运行结果如图 10-7 所示。

	id	code	pubDate	pe_ratio	turnover_ratio	pb_ratio	ps_ratio	pcf_ratio	capitalization	market_cap	circulating_cap	circulating_market_cap
0	21714910	000001.XSHE	2024-03-15	4.428	1.9325	0.5112	1.249	2.7104	1.940592e+06	2057.0273	1940554.695	2056.988

图 10-7　查询000001.XSHE的所有财务数据

注：财务数据在后面有说明。

【**实例 10-7**】　获取多只股票在某一日期的市值，利润等。

```
from jqdata import *
import pandas as pd
df = get_fundamentals(query(
        valuation,income
    ).filter(
        #这里不能使用 in 操作,要使用 in_()函数
        valuation.code.in_(['000001.XSHE','600000.XSHG'])
    ),date = '2023-10-15')
df
```

运行结果如图 10-8 所示。

	id	code	pubDate	pe_ratio	turnover_ratio	pb_ratio	ps_ratio	pcf_ratio	capitalization	market_cap	circulating_cap	circulating_market_cap
0	20726522	000001.XSHE	2023-10-15	4.3729	NaN	0.5586	1.2096	2.3113	1.940592e+06	2134.6510	1.940555e+06	2134.6102
1	20729599	600000.XSHG	2023-10-15	4.7219	NaN	0.3471	1.1501	-6.8107	2.935218e+06	2084.0045	2.935218e+06	2084.0045

图 10-8　获取多只股票在某一日期的市值，利润等

【**实例 10-8**】　选出所有的总市值大于 2000 亿元，市盈率小于 10，营业总收入大于 200 亿元股票。

```
from jqdata import *
import pandas as pd
df = get_fundamentals(query(
        valuation.code,valuation.market_cap,valuation.pe_ratio,
                    income.total_operating_revenue
    ).filter(
        valuation.market_cap > 2000,
        valuation.pe_ratio < 10,
        income.total_operating_revenue > 2e10
    ).order_by(
        #按市值降序排列
        valuation.market_cap.desc()
    ).limit(
        #最多返回 100 个
        100
    ),date = '2024-3-15')
df
```

运行结果如图 10-9 所示。

```
In [39]: 1   # 选出所有的总市值大于2000亿元, 市盈率小于10, 营业总收入大于200亿元的股票
         2   df = get_fundamentals(query(
         3       valuation.code, valuation.market_cap, valuation.pe_ratio, income.total_operating_revenue
         4   ).filter(
         5       valuation.market_cap > 2000,
         6       valuation.pe_ratio < 10,
         7       income.total_operating_revenue > 2e10
         8   ).order_by(
         9       # 按市值降序排列
        10       valuation.market_cap.desc()
        11   ).limit(
        12       # 最多返回100个
        13       100
        14   ), date='2024-3-15')
        15   df
```

Out[39]:

	code	market_cap	pe_ratio	total_operating_revenue
0	601398.XSHG	18568.7660	5.1211	2.037740e+11
1	601939.XSHG	17075.7498	5.1500	1.881850e+11
2	601288.XSHG	14559.2942	5.4132	1.676000e+11
3	601988.XSHG	12805.8689	5.5649	1.514190e+11
4	600036.XSHG	7863.5479	5.3639	8.181900e+10
5	601318.XSHG	7735.7077	9.8459	2.161550e+11
6	601658.XSHG	4700.2350	5.4007	8.314600e+10
7	601328.XSHG	4596.8628	4.9204	6.173400e+10
8	601166.XSHG	3404.9064	4.0279	5.024900e+10
9	601998.XSHG	3040.8324	4.5375	5.005400e+10
10	000651.XSHE	2186.1117	8.3139	5.602197e+10
11	601668.XSHG	2168.3995	4.2462	5.579288e+11
12	600000.XSHG	2081.0693	5.3781	4.158500e+10
13	000001.XSHE	2057.0273	4.4280	3.706500e+10

图 10-9　选出总市值大于 2000 亿元, 市盈率小于 10, 营业总收入大于 200 亿元的股票

5. 查询多日的财务数据

get_fundamentals_continuously（query_object，end_date=None，count=None，panel=True）

描述：查询多日的财务数据。

参数：

query_object：一个 sqlalchemy.orm.query.Query 对象，可以通过全局的 query 函数获取 Query 对象。

end_date：查询日期，一个字符串（类似'2023-10-15'）可以是 None，使用默认日期，这个默认日期在回测和研究模块上有点差别：回测模块默认值会随着回测日期变化而变化，等于 context.current_dt 的前一天（实际生活中我们只能看到前一天的财报和市值数据，所以要用前一天），研究模块使用平台财务数据的最新日期，一般是昨天。

count：获取 end_date 前 count 个日期的数据。

panel：获取多标的数据时建议设置 panel 为 False，返回等效的 dataframe。

返回：默认 panel=True，返回一个 pandas.Panel；建议设置 panel 为 False，返回等效的 dataframe。

【实例 10-9】　两只股票 5 日换手率。

```
from jqdata import *
import pandas as pd
q = query(valuation.turnover_ratio,
```

```
                valuation.market_cap,
                indicator.eps
            ).filter(valuation.code.in_(['000001.XSHE','600000.XSHG']))
panel = get_fundamentals_continuously(q,end_date = '2024 - 03 - 01',count = 5)
panel.xs('turnover_ratio',axis = 0)
```

运行结果如图 10 - 10 所示。

code	000001.XSHE	600000.XSHG
day		
2024-02-26	1.4751	0.1447
2024-02-27	1.0213	0.0847
2024-02-28	1.5886	0.1221
2024-02-29	0.9509	0.1168
2024-03-01	0.9421	0.1003

图 10 - 10 两只股票 5 日换手率

6. 查询股票所属概念函数

get_concept（security, date＝None）

参数

security：标的代码或标的列表。

date：要查询的日期，日期字符串/date 对象/datetime 对象，注意传入 datetime 对象时忽略日内时间。默认值为 None，研究中默认值为当天，回测中默认值会随着回测日期变化而变化，等于 context.current_dt。

返回：一个 dict，key 为标的代码。

【实例 10 - 10】 查看万科 A 所属概念。

```
dict1 = get_concept('000002.XSHE',date = '2023 - 07 - 15')
print(dict1)
```

运行结果如图 10 - 11 所示。

```
1  dict1 = get_concept('000002.XSHE', date='2023-07-15')
2  print(dict1)
```
{'000002.XSHE': {'jq_concept': [{'concept_code': 'SC0091', 'concept_name': '装配式建筑'}, {'concept_code': 'SC0105', 'concept_name': '深股通'}, {'concept_code': 'SC0175', 'concept_name': '证金持股'}, {'concept_code': 'SC0181', 'concept_name': '融资融券'}, {'concept_code': 'SC0186', 'concept_name': 'MSCI'}, {'concept_code': 'SC0187', 'concept_name': '超级品牌'}, {'concept_code': 'SC0219', 'concept_name': '转融券标的'}, {'concept_code': 'SC0263', 'concept_name': '物业管理'}]}}

图 10 - 11 万科 A 所属概念

7. 获取一只股票信息函数

get_security_info（code, date＝None）

参数

code：证券代码。

date：查询日期，默认为 None，仅支持股票。

返回值：

一个对象，有如下属性：

display_name：中文名称。

name：缩写简称。

start_date：上市日期，[datetime.date] 类型。

end_date：退市日期（股票是最后一个交易日，不同于摘牌日期），[datetime.date] 类型，如果没有退市则为 2200 - 01 - 01。

type：股票、基金、金融期货、期货、债券基金、股票基金、QDII 基金、货币基金、混合基金、场外基金，'stock'/ 'fund' / 'index _ futures' / 'futures' / 'etf'/'bond _ fund' / 'stock _ fund' / 'QDII _ fund' / 'money _ market _ fund' / 'mixture _ fund' / 'open _ fund'。

parent：分级基金的母基金代码。

【实例 10 - 11】 查看证券代码为 000002 股票信息。

```
print('证券代码为 000002 的上市公司名为：',get_security_info('000002.XSHE').display_name)
print('证券代码为 000002 的公司上市时间：',get_security_info('000002.XSHE').start_date)
print('证券代码为 000002 的上市公司证券类型：',get_security_info('000002.XSHE').type)
```

运行结果如图 10 - 12 所示。

```
1  ▶ print('证券代码为000002的上市公司名为：',get_security_info('000002.XSHE').display_name)
2    print('证券代码为000002的上市公司上市时间：',get_security_info('000002.XSHE').start_date)
3    print('证券代码为000002的上市公司证券类型：',get_security_info('000002.XSHE').type)

证券代码为000002的上市公司名为： 万科A
证券代码为000002的上市公司上市时间： 1991-01-29
证券代码为000002的上市公司证券类型： stock
```

图 10 - 12　查看证券代码为 000002 股票信息

10.1.2　量化策略财务因子

财务因子主要包括以下几类，如图 10 - 13 所示。利用这些因子在量化交易中可以进行选股操作。

成长类因子：主要关注公司的成长潜力，如营业收入同比增长率、净利润同比增长率等。这些因子能够反映公司在一定期间内业绩的增长情况，帮助投资者识别具有成长性的优质股票。

规模因子：通常指一类重要的风格因子，它主要反映公司的规模情况，用于体现市值大小对投资收益的影响。具体来说，规模因子可以通过比较小市值公司组合收益与市值较大公司组合收益的差异来计算。

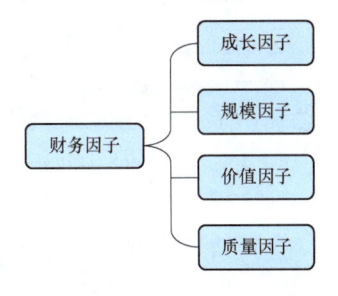

图 10 - 13　财务因子

价值类因子：主要关注公司的估值水平，如市盈率、市净率等。这些因子能够反映公司的股票价格相对于其盈利或净资产的水平，帮助投资者判断股票是否被低估或高估。

质量类因子：主要关注公司的资产质量、运营效率等，如应收账款周转率、存货周转率等。这些因子能够反映公司的经营效率和资产质量，帮助投资者评估公司的整体运营状况。

1. 成长因子

成长因子包括下面 7 个，见表 10 - 1。需要注意的是，成长因子都在财务指标数表 indicator 中。

表 10 - 1　　　　　　　　　　　　　　　　成长因子

成长因子	因子名
营业收入同比增长率	inc _ revenue _ year _ on _ year

续表

成长因子	因子名
营业收入环比增长率	inc_revenue_annual
净利润同比增长率	inc_net_profit_year_on_year
净利润环比增长率	inc_net_profit_annual
营业利润率	operation_profit_to_total_revenue
销售净利率	net_profit_margin
销售毛利率	gross_profit_margin

（1）营业收入同比增长率（Inc_revenue_year_on_year）。营业收入同比增长率是一个用来衡量公司营业收入相比去年同期增长情况的财务指标。它反映了公司业务的增长速度和市场扩张能力。计算公式为：营业收入同比增长率＝（本期营业收入－上年同期营业收入）/上年同期营业收入×100%。这个指标通过比较当前期间的营业收入与去年同期的营业收入，计算出增长或下降的百分比。

如果营业收入同比增长率为正数，表示公司营业收入相比去年同期有所增长；如果是负数，则表示营业收入相比去年同期有所下降。这个指标有助于投资者和分析师了解公司的经营情况和发展趋势，判断公司的成长潜力和市场竞争力。

【实例 10-12】 查询营业收入同比增长率大于 2000 的股票，时间为 2024 年 1 月 25 日，indicator 为财务指标数据表。

```
from jqdata import *
import pandas as pd
myq = query(indicator).filter(indicator.inc_revenue_year_on_year>2000)
df = get_fundamentals(myq,date='2024-1-25')
df[['code','day','inc_revenue_year_on_year']]
```

运行结果如图 10-14 所示。

```
In [38]: 1  from jqdata import *
         2  import pandas as pd
         3  myq=query(indicator).filter(indicator.inc_revenue_year_on_year>2000)
         4  df=get_fundamentals(myq,date='2024-1-25')
         5  df[['code','day','inc_revenue_year_on_year']]

Out[38]:      code        day         inc_revenue_year_on_year
         0  300446.XSHE  2024-01-25                    10445.75
         1  600620.XSHG  2024-01-25                     3029.69
         2  600861.XSHG  2024-01-25                     9198.02
         3  688176.XSHG  2024-01-25                    37334.24
```

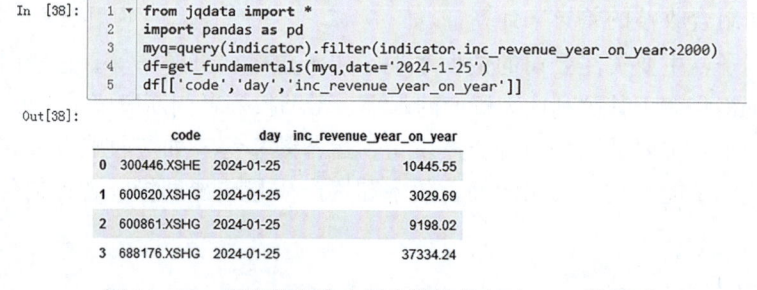

图 10-14 查询营业收入同比增长率大于 2000 的股票

（2）营业收入环比增长率（Inc_revenue_annual）。营业收入环比增长率是指企业连续两个营业周期（比如连续两月或两季度）内的营业收入的比较结果。具体来说，它表示本期营业收入与上一期营业收入相比的增长幅度。其计算公式为：营业收入环比增长率＝（本期营业收入－上期营业收入）/上期营业收入×100%，其中，"本期营业收入"指的是当前周期的营业收入，而"上期营业收入"则是指前一个相同周期（如上月、上季或上年同一季度）的营业收入。

如果得到的营业收入环比增长率结果为正数，那么意味着本期营业收入相比于上期有所增长；若为负数，则表明本期营业收入相比上期有所下降；如果结果为零，则表明本期营业收入与上期持平，没有增长也没有下降。

【实例 10-13】 查询营业收入环比增长率大于 4500 的股票，时间为 2024 年 3 月 25 日。

```
from jqdata import *
import pandas as pd
myq = query(indicator).filter(indicator.inc_revenue_annual>2000)
df = get_fundamentals(myq,date = '2024-3-25')
df[['code','day','inc_revenue_annual']]
```

运行结果如图 10-15 所示。

	code	day	inc_revenue_annual
0	000416.XSHE	2024-03-25	2726.59
1	000609.XSHE	2024-03-25	43488.22
2	000631.XSHE	2024-03-25	2061.44
3	000987.XSHE	2024-03-25	2834.53
4	300446.XSHE	2024-03-25	8247.28
5	301207.XSHE	2024-03-25	32299.77
6	600719.XSHG	2024-03-25	16999.25
7	688176.XSHG	2024-03-25	5215.80

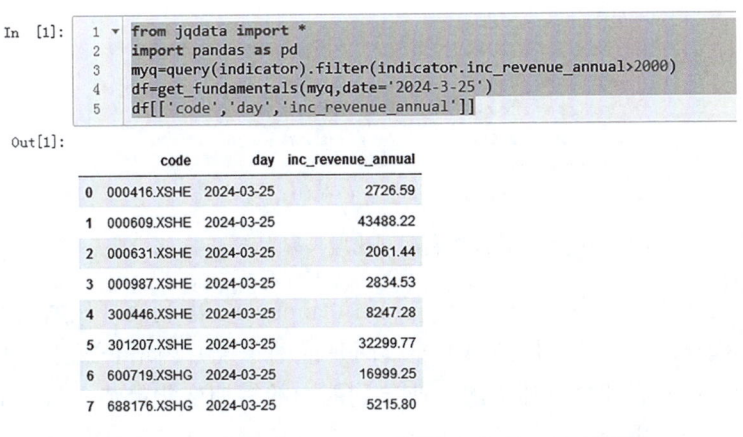

图 10-15　查询营业收入环比增长率大于 2000 的股票

（3）净利润同比增长率（inc_net_profit_year_on_year）。净利润同比增长率是一个重要的财务指标，用于衡量企业净利润相比上一年同期净利润的增长或下降幅度。它反映了企业盈利能力的变化趋势，是投资者和分析师评估企业经营状况和盈利能力时常用的工具。净利润同比增长率的计算公式如下：净利润同比增长率＝（本期净利润－上年同期净利润）/上年同期净利润×100％，在这个公式中："本期净利润"指的是当前会计期间（一年）的净利润，"上年同期净利润"则是指上一年同一会计期间的净利润。

如果计算出的净利润同比增长率为正数，说明企业的净利润相比去年同期有所增长；如果为负数，则说明企业的净利润相比去年同期有所下降；如果为 0，则表示企业的净利润与去年同期持平。

【实例 10-14】 查询净利润同比增长率大于 4500 的股票，时间为 2024 年 3 月 25 日。

```
from jqdata import *
import pandas as pd
myq = query(indicator).filter(indicator.inc_net_profit_year_on_year>4500)
df = get_fundamentals(myq,date = '2024-3-25')
```

```
df[['code','day','inc_net_profit_year_on_year']]
```

运行结果如图 10 - 16 所示。

```
In [7]:
from jqdata import *
import pandas as pd
myq=query(indicator).filter(indicator.inc_net_profit_year_on_year>4500)
df=get_fundamentals(myq,date='2024-3-25')
df[['code','day','inc_net_profit_year_on_year']]
```

Out[7]:

	code	day	inc_net_profit_year_on_year
0	000100.XSHE	2024-03-25	12497.96
1	000159.XSHE	2024-03-25	5633.41
2	000407.XSHE	2024-03-25	5437.32
3	000797.XSHE	2024-03-25	12592.92
4	000813.XSHE	2024-03-25	7708.19
5	000882.XSHE	2024-03-25	7300.61
6	002439.XSHE	2024-03-25	69482.62
7	002641.XSHE	2024-03-25	4922.84
8	002646.XSHE	2024-03-25	41914.75
9	002900.XSHE	2024-03-25	5100.84
10	300446.XSHE	2024-03-25	35710.83
11	300558.XSHE	2024-03-25	5921.95
12	300611.XSHE	2024-03-25	12896.06
13	301383.XSHE	2024-03-25	18508.75
14	600217.XSHG	2024-03-25	7580.30
15	600628.XSHG	2024-03-25	19915.84

图 10 - 16　查询净利润同比增长率大于 4500 的股票

（4）净利润环比增长率（inc _ net _ profit _ annual）。净利润环比增长率是一个用于衡量企业净利润连续两个营业周期（如连续两月或两季度）内增长或下降幅度的财务指标。它可以帮助投资者和分析师了解企业盈利能力的短期变化趋势，从而对企业的经营状况和市场表现进行更全面的评估。净利润环比增长率的计算公式如下：净利润环比增长率＝（本期净利润－上期净利润）/ 上期净利润 × 100%，在这个公式中：“本期净利润”是指当前营业周期的净利润，例如本月的净利润或本季度的净利润，“上期净利润”则是指上一个相同营业周期的净利润，即上一个月或上一个季度的净利润。

净利润环比增长率的解读如下：如果计算结果为正数，说明本期净利润相比上期有所增长，企业的盈利能力在短期内有所提升。如果计算结果为负数，说明本期净利润相比上期有所下降，企业的盈利能力在短期内可能面临一些挑战。如果计算结果为 0，表示本期净利润与上期持平，没有发生明显的增长或下降。

【实例 10 - 15】 查询净利润同比增长率大于 5000 的股票，时间为 2024 年 3 月 25 日。

```
from jqdata import *
import pandas as pd
myq = query(indicator).filter(indicator.inc_net_profit_annual>5000)
df = get_fundamentals(myq,date = '2024 - 3 - 25')
df[['code','day','inc_net_profit_annual']]
```

运行结果如图 10 - 17 所示。

```
In [10]:  1  from jqdata import *
          2  import pandas as pd
          3  myq=query(indicator).filter(indicator.inc_net_profit_annual>5000)
          4  df=get_fundamentals(myq,date='2024-3-25')
          5  df[['code','day','inc_net_profit_annual']]
```

Out[10]:

	code	day	inc_net_profit_annual
0	000421.XSHE	2024-03-25	13349.38
1	000926.XSHE	2024-03-25	41384.29
2	002476.XSHE	2024-03-25	9985.08
3	002654.XSHE	2024-03-25	29490.41
4	002753.XSHE	2024-03-25	30409.80
5	002912.XSHE	2024-03-25	13864.84
6	002921.XSHE	2024-03-25	12508.96
7	300006.XSHE	2024-03-25	6039.26
8	300070.XSHE	2024-03-25	14205.24
9	300170.XSHE	2024-03-25	23877.63
10	300364.XSHE	2024-03-25	15599.10
11	300446.XSHE	2024-03-25	5858.77
12	300808.XSHE	2024-03-25	14368.18
13	301246.XSHE	2024-03-25	11107.34
14	600510.XSHG	2024-03-25	10288.20
15	600706.XSHG	2024-03-25	5031.99
16	603160.XSHG	2024-03-25	5094.57

图 10-17 查询净利润环比增长率大于 5000 的股票

(5) 营业利润率 (operation_profit_to_total_revenue)。营业利润率，是一个重要的财务指标，用于评估企业通过日常经营活动赚取利润的能力。它反映了企业在完成其主营业务后所获得的利润水平，体现了企业主营业务的市场竞争力以及获利能力。

营业利润率的计算公式为：营业利润率＝营业利润/营业收入×100％，营业利润率越高，意味着企业在完成相同营业收入的情况下，能够获取更多的营业利润，说明企业的盈利能力越强，经营效率越高。这可能是由于企业拥有更好的成本控制能力、更高效的运营流程，或者其产品与服务在市场上具有较强的竞争力。

【实例 10-16】 查询营业利润率大于 200 的股票，时间为 2024 年 3 月 25 日。

```
from jqdata import *
import pandas as pd
myq = query(indicator).filter(indicator.operation_profit_to_total_revenue>200)
df = get_fundamentals(myq,date = '2024-3-25')
df[['code','day','operation_profit_to_total_revenue']]
```

运行结果如图 10-18 所示。

(6) 销售净利率 (net_profit_margin)。销售净利率是一个重要的财务指标，用于衡量企业每一元销售收入所带来的净利润。它反映了企业通过销售活动创造净利润的能力，是评估企业销售效率和盈利能力的重要指标。销售净利率的计算公式如下：销售净利率＝净利润/销售收入×100％。

销售净利率的高低直接反映了企业销售活动的盈利状况。销售净利率越高，说明企业在销售活动中创造的净利润越多，盈利能力越强。这通常意味着企业的产品或服务具有较高的市场认可度，销售效率高，成本控制得当。

```
In [14]: 1  from jqdata import *
         2  import pandas as pd
         3  myq=query(indicator).filter(indicator.operation_profit_to_total_revenue>200)
         4  df=get_fundamentals(myq,date='2024-3-25')
         5  df[['code','day','operation_profit_to_total_revenue']]
```

Out[14]:

	code	day	operation_profit_to_total_revenue
0	000506.XSHE	2024-03-25	235.93
1	300936.XSHE	2024-03-25	219.00
2	600345.XSHG	2024-03-25	334.11
3	600589.XSHG	2024-03-25	254.26
4	600674.XSHG	2024-03-25	384.61
5	600854.XSHG	2024-03-25	402.60
6	600883.XSHG	2024-03-25	1154.05
7	688670.XSHG	2024-03-25	911.98

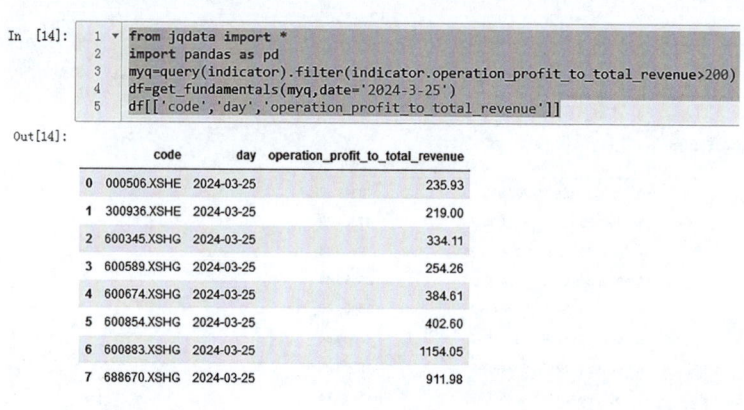

图 10-18　查询营业利润率大于 200 的股票

【**实例 10-17**】　查询销售净利率大于 300 的股票，时间为 2024 年 3 月 25 日。

```
from jqdata import *
import pandas as pd
myq = query(indicator).filter(indicator.net_profit_margin>300)
df = get_fundamentals(myq,date = '2024-3-25')
df[['code','day','net_profit_margin']]
```

运行结果如图 10-19 所示。

```
In [16]: 1  from jqdata import *
         2  import pandas as pd
         3  myq=query(indicator).filter(indicator.net_profit_margin>300)
         4  df=get_fundamentals(myq,date='2024-3-25')
         5  df[['code','day','net_profit_margin']]
```

Out[16]:

	code	day	net_profit_margin
0	000617.XSHE	2024-03-25	1570.88
1	600345.XSHG	2024-03-25	334.11
2	600621.XSHG	2024-03-25	6554.78
3	600674.XSHG	2024-03-25	378.36
4	600854.XSHG	2024-03-25	394.13
5	600883.XSHG	2024-03-25	1154.49
6	688670.XSHG	2024-03-25	732.78

图 10-19　查询销售净利率大于 300 的股票

（7）销售毛利率（gross_profit_margin）。销售毛利率是一个关键的财务指标，用于衡量企业销售活动的盈利能力。它表示每一元销售收入中，有多少可以用于支付各项期间费用和形成企业的盈利。销售毛利率的计算公式如下：销售毛利率＝（销售收入－销售成本）/销售收入×100％，在这个公式中：销售收入指的是企业在一定时期内通过销售商品或提供服务所获得的总收入。销售成本则是指与这些销售活动直接相关的成本支出，包括产品制造、采购成本、运输费用等。

销售毛利率的高低直接反映了企业在销售活动中的盈利能力。较高的销售毛利率通常意味着企业在销售过程中能够有效地控制成本，或者其产品具有较高的附加值，从而在市场上具有更强的竞争力。

【实例10-18】 查询销售毛利率大于100的股票,时间为2024年3月25日。

```
from jqdata import *
import pandas as pd
myq = query(indicator).filter(indicator.gross_profit_margin>100)
df = get_fundamentals(myq,date = '2024 - 3 - 25')
df[['code','day','gross_profit_margin']]
```

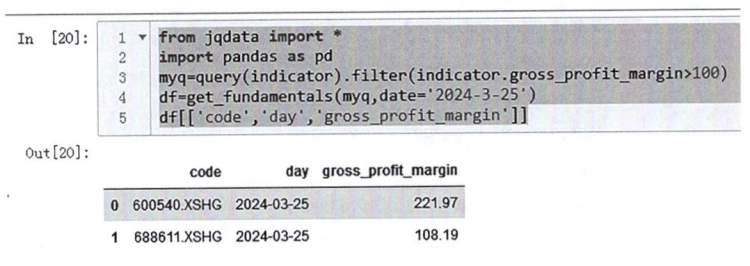

运行结果如图10-20所示。

图10-20 查询销售毛利率大于100的股票

2. 规模因子

成长因子包括下面4个,见表10-2。需要注意的是,规模因子都在市值数据表valuation中。

表10-2　　　　　　　　　　　规模因子

规模因子	因子名
总市值	market_cap
流通市值	circulating_market_cap
总股本	capitalization
流通股本	circulating_cap

(1) 总市值(market_cap)。总市值,也称市值,是一家上市公司所有普通股股票的市场价格总和,它反映了投资者对公司价值的评估和对公司未来盈利能力的预期。总市值的计算公式是:股票的市场价格乘以公司发行的普通股股票总数。总市值是评估公司价值的重要工具,可以帮助投资者和分析师判断公司的股票是否被高估或低估,也可以用来衡量公司的规模。

【实例10-19】 查询总市值大于6000亿的股票,时间为2024年3月27日。

```
from jqdata import *
import pandas as pd
myq = query(valuation).filter(valuation.market_cap>6000)
df = get_fundamentals(myq,date = '2024 - 3 - 27')
df[['code','day','market_cap']]
```

运行结果如图 10-21 所示。

```
In [29]: 1  from jqdata import *
         2  import pandas as pd
         3  myq=query(valuation).filter(valuation.market_cap>6000)
         4  df=get_fundamentals(myq,date='2024-3-27')
         5  df[['code','day','market_cap']]
```

Out[29]:

	code	day	market_cap
0	601288.XSHG	2024-03-27	14979.2738
1	600519.XSHG	2024-03-27	21367.9246
2	601939.XSHG	2024-03-27	17375.7629
3	601628.XSHG	2024-03-27	7950.8615
4	601398.XSHG	2024-03-27	19103.3754
5	601988.XSHG	2024-03-27	13218.0118
6	600900.XSHG	2024-03-27	6075.4585
7	600941.XSHG	2024-03-27	22533.0256
8	300750.XSHE	2024-03-27	8270.1975
9	600028.XSHG	2024-03-27	7572.2087
10	600938.XSHG	2024-03-27	13247.3438
11	601318.XSHG	2024-03-27	7402.4604
12	601088.XSHG	2024-03-27	7716.9332
13	600036.XSHG	2024-03-27	8146.0101
14	601857.XSHG	2024-03-27	16783.0237
15	002594.XSHE	2024-03-27	6171.0406

图 10-21 查询总市值大于 6000 亿的股票

（2）流通市值（circulating_cap）。流通市值是指在一个特定时间内，当时可以交易的流通股股数乘以当时的股票价格所得到的流通股票的总价值。在国内，上市公司的股份结构中包括国有股、法人股和个人股等，但只有个人股可以上市流通交易。流通市值的大小直接反映了这部分可交易的流通股的总价值。

【实例 10-20】 查询流通市值大于 6000 亿的股票，时间为 2024 年 3 月 27 日。

```
from jqdata import *
import pandas as pd
myq = query(valuation).filter(valuation.circulating_market_cap>6000)
df = get_fundamentals(myq,date='2024-3-27')
df[['code','day','circulating_market_cap']]
```

运行结果如图 10-22 所示。

（3）总股本（capitalization）。总股本是指一家公司注册股票总数，它代表了公司的所有股份，包括新股发行前的股份和新发行的股份。总股本由公司董事会决定，是上市融资的资金总额，体现了公司的实力和规模。每笔融资都会发行公司股票，增加公司的总股本，吸引潜在投资者。总股本不仅可以帮助公司筹集资金，还有助于公司更有效地购买资源，扩大经营规模，提高市场份额，并控制负债，减少财务风险。

【实例 10-21】 查询总股本大于 10000000 万股的股票，时间为 2024 年 3 月 27 日。

```
In [33]: 1  from jqdata import *
         2  import pandas as pd
         3  myq=query(valuation).filter(valuation.circulating_market_cap>6000)
         4  df=get_fundamentals(myq,date='2024-3-27')
         5  df[['code','day','circulating_market_cap']]
```

Out[33]:

	code	day	circulating_market_cap
0	601288.XSHG	2024-03-27	13663.6522
1	600519.XSHG	2024-03-27	21367.9246
2	601398.XSHG	2024-03-27	14451.2146
3	601988.XSHG	2024-03-27	9463.3716
4	300750.XSHE	2024-03-27	7322.3264
5	601088.XSHG	2024-03-27	6405.1191
6	600036.XSHG	2024-03-27	6663.1491
7	601857.XSHG	2024-03-27	14848.2545

图 10-22　查询流通市值大于 6000 亿的股票

```
from jqdata import *
import pandas as pd
myq = query(valuation).filter(valuation.capitalization>10000000)
df = get_fundamentals(myq,date = '2024-3-27')
df[['code','day','capitalization']]
```

运行结果如图 10-23 所示。

```
In [40]: 1  from jqdata import *
         2  import pandas as pd
         3  myq=query(valuation).filter(valuation.capitalization>10000000)
         4  df=get_fundamentals(myq,date='2024-3-27')
         5  df[['code','day','capitalization']]
```

Out[40]:

	code	day	capitalization
0	601288.XSHG	2024-03-27	3.499830e+07
1	601939.XSHG	2024-03-27	2.500110e+07
2	601398.XSHG	2024-03-27	3.564063e+07
3	601988.XSHG	2024-03-27	2.943878e+07
4	600028.XSHG	2024-03-27	1.217397e+07
5	601857.XSHG	2024-03-27	1.830210e+07

图 10-23　查询总股本大于 10000000 万股的股票

（4）流通股本（circulating_cap）。流通股本是指上市公司已经发行并可以在二级市场上自由买卖的股份总数。具体来说，流通股本是总股本中除去限售股份（如发起人股、战略投资者持有的股份，在特定条件下不可流通）后，可以在证券市场自由交易的股票数量。流通股本的计算公式为：流通股本＝总股本－限售股本。

【实例 10-22】 查询流通股本大于 10000000 万股的股票，时间为 2024 年 3 月 27 日。

```
from jqdata import *
import pandas as pd
myq = query(valuation).filter(valuation.circulating_cap>10000000)
df = get_fundamentals(myq,date = '2024-3-27')
df[['code','day','circulating_cap']]
```

运行结果如图 10-24 所示。

```
In [41]:  1  from jqdata import *
          2  import pandas as pd
          3  myq=query(valuation).filter(valuation.circulating_cap>10000000)
          4  df=get_fundamentals(myq,date='2024-3-27')
          5  df[['code','day','circulating_cap']]

Out[41]:
        code        day        circulating_cap
    0   601288.XSHG 2024-03-27  3.192442e+07
    1   601398.XSHG 2024-03-27  2.696122e+07
    2   601988.XSHG 2024-03-27  2.107655e+07
    3   601857.XSHG 2024-03-27  1.619221e+07
```

图 10-24 查询流通股本大于 10000000 万股的股票

3. 价值因子

成长因子包括下面 5 个，见表 10-3。需要注意的是，规模因子都在市值数据表 valuation 中。

表 10-3　　　　　　　　　　　　规模因子

价值因子	因子名	价值因子	因子名
市净率	pb_ratio	静态市盈率	pe_ratio_lyr
市销率	ps_ratio	动态市盈率	pe_ratio
市现率	pcf_ratio		

（1）市净率（pb_ratio）。市净率是指每股股价与每股净资产的比率。市净率可用于投资分析，一般来说市净率较低的股票，投资价值较高，相反，则投资价值较低；但在判断投资价值时还要考虑当时的市场环境以及公司经营情况、盈利能力等因素。市净率的计算方法是：市净率＝股票每股市价／每股净资产。

其中，股票每股市价是指股票在证券市场上的交易价格；每股净资产是指股东权益与股本总额的比率。其计算公式为：每股净资产＝股东权益÷股本总额。这一指标反映每股股票所拥有的资产现值。每股净资产越高，股东拥有的资产现值越多；每股净资产越少，股东拥有的资产现值越少。通常每股净资产越高越好。

【实例 10-23】查询市净率小于 2 且市值大于 5000 亿的股票，时间为 2024 年 3 月 27 日。

```
from jqdata import *
import pandas as pd
myq = query(valuation).filter(valuation.market_cap>5000,
                              valuation.pb_ratio<2)
df = get_fundamentals(myq,date = '2024-3-27')
df[['code','day','market_cap','pb_ratio']]
```

运行结果如图 10-25 所示。

（2）市销率（ps_ratio）。市销率，也称作股价营收比、市值营收比，是股票投资分析中的一个重要指标。它主要用于评估公司的市场价值与其主营业务收入之间的关系。市销率的计算公式是：市销率＝股价÷每股销售额。

第 10 章　Python 编写量化交易策略

```
In [9]:  1  from jqdata import *
         2  import pandas as pd
         3  myq=query(valuation).filter(valuation.market_cap>5000,
         4                              valuation.pb_ratio<2)
         5  df=get_fundamentals(myq,date='2024-3-27')
         6  df[['code','day','market_cap','pb_ratio']]
```

Out[9]:

	code	day	market_cap	pb_ratio
0	601288.XSHG	2024-03-27	14979.2738	0.6413
1	601939.XSHG	2024-03-27	17375.7629	0.6041
2	601628.XSHG	2024-03-27	7950.8615	1.7993
3	601398.XSHG	2024-03-27	19103.3754	0.5786
4	601988.XSHG	2024-03-27	13218.0118	0.6102
5	600941.XSHG	2024-03-27	22533.0256	1.7248
6	600028.XSHG	2024-03-27	7572.2087	0.9397
7	600938.XSHG	2024-03-27	13247.3438	1.9873
8	601318.XSHG	2024-03-27	7402.4604	0.8234
9	601088.XSHG	2024-03-27	7716.9332	1.8882
10	600036.XSHG	2024-03-27	8146.0101	0.8798
11	601857.XSHG	2024-03-27	16783.0237	1.1603
12	601728.XSHG	2024-03-27	5435.5240	1.2272

图 10-25　查询市净率小于 2 且市值大于 5000 亿的股票

市销率反映了投资者愿意用多少倍的价格来购买公司的每一元销售额，它体现了市场对公司未来前景的看好程度。这个指标有助于投资者从"生意"的角度来看待公司，更加注重企业的发展变化和收益质量。

【实例 10-24】　查询市销率小于 0.3 且市净率小于 0.5 的股票，时间为 2024 年 3 月 27 日。

```
from jqdata import *
import pandas as pd
myq = query(valuation).filter(valuation.ps_ratio<0.3,
                              valuation.pb_ratio<0.5)
df = get_fundamentals(myq,date = '2024-3-27')
df[['code','day','ps_ratio','pb_ratio']]
```

运行结果如图 10-26 所示。

（3）市现率（pcf_ratio）。市现率是股票价格与每股现金流量的比率，通常用于评估一家公司的股票是否被低估或高估，是投资者、分析师和市场参与者进行股票基本面分析时的重要工具。

市现率的计算公式为：市现率＝公司市值／自由现金流。其中，公司市值是指该公司的市场价值，即股价乘以发行的股票数量；自由现金流指的是公司在一定期间内产生的现金流，减去了资本开支。

市现率的经济意义在于，它可以帮助投资者判断市场对一家公司的盈利预期和未来发展的看法。市现率越小，表明上市公司的每股现金增加额越多，经营压力越小，发展

```
In [14]: 1  from jqdata import *
         2  import pandas as pd
         3  myq=query(valuation).filter(valuation.ps_ratio<0.3,
         4                              valuation.pb_ratio<0.5)
         5  df=get_fundamentals(myq,date='2024-3-27')
         6  df[['code','day','ps_ratio','pb_ratio']]
```

Out[14]:

	code	day	ps_ratio	pb_ratio
0	002092.XSHE	2024-03-27	0.2569	0.4755
1	601992.XSHG	2024-03-27	0.2095	0.4382
2	600376.XSHG	2024-03-27	0.1101	0.3167
3	600606.XSHG	2024-03-27	0.0711	0.2921
4	002146.XSHE	2024-03-27	0.1580	0.2867
5	000002.XSHE	2024-03-27	0.2407	0.4345
6	000961.XSHE	2024-03-27	0.0690	0.3063
7	601186.XSHG	2024-03-27	0.1049	0.4734
8	000709.XSHE	2024-03-27	0.1706	0.4290
9	601155.XSHG	2024-03-27	0.1754	0.3579
10	600782.XSHG	2024-03-27	0.1298	0.4171
11	000959.XSHE	2024-03-27	0.2218	0.4965
12	000898.XSHE	2024-03-27	0.1959	0.4002
13	600297.XSHG	2024-03-27	0.0899	0.3130
14	600266.XSHG	2024-03-27	0.2799	0.4231
15	600383.XSHG	2024-03-27	0.1771	0.2672
16	000069.XSHE	2024-03-27	0.2789	0.3566
17	002110.XSHE	2024-03-27	0.1878	0.4209

图 10-26 查询市销率小于 0.3 且市净率小于 0.5 的股票

空间越大。反之，市现率较高则说明公司的每股现金增加额较少，可能面临较大的经营压力。

【实例 10-25】 查询市现率小于 0.2，市销率小于 0.3 且市净率小于 0.5 的股票，时间为 2024 年 3 月 27 日。

运行结果如图 10-27 所示。

```
from jqdata import *
import pandas as pd
myq = query(valuation).filter(valuation.pcf_ratio<0.2,
                              valuation.ps_ratio<0.3,
                              valuation.pb_ratio<0.5
                              )
df = get_fundamentals(myq,date = '2024-3-27')
df[['code','day','pcf_ratio','ps_ratio','pb_ratio']]
```

从上面的结果可以看到，市现率多为负数，表示企业的现金流量净额为负数，即企业的现金流出总量大于现金流入总量。这通常意味着企业的经营状况不佳，可能存在经

```
In [28]: 1  from jqdata import *
         2  import pandas as pd
         3  myq=query(valuation).filter(valuation.pcf_ratio<0.2,
         4                              valuation.ps_ratio<0.3,
         5                              valuation.pb_ratio<0.5
         6                              )
         7  df=get_fundamentals(myq,date='2024-3-27')
         8  df[['code','day','pcf_ratio','ps_ratio','pb_ratio']]
```

Out[28]:

	code	day	pcf_ratio	ps_ratio	pb_ratio
0	002092.XSHE	2024-03-27	-136.3776	0.2569	0.4755
1	600606.XSHG	2024-03-27	-1.7264	0.0711	0.2921
2	002146.XSHE	2024-03-27	-1.3361	0.1580	0.2867
3	000002.XSHE	2024-03-27	-7.5465	0.2407	0.4345
4	000961.XSHE	2024-03-27	-0.6517	0.0690	0.3063
5	601186.XSHG	2024-03-27	-24.5009	0.1049	0.4734
6	000709.XSHE	2024-03-27	-10.6183	0.1706	0.4290
7	601155.XSHG	2024-03-27	-1.5258	0.1754	0.3579
8	000959.XSHE	2024-03-27	-38.2085	0.2218	0.4965
9	000898.XSHE	2024-03-27	-10.9455	0.1959	0.4002
10	600297.XSHG	2024-03-27	-5.7919	0.0899	0.3130
11	600266.XSHG	2024-03-27	-2.1055	0.2799	0.4231
12	600383.XSHG	2024-03-27	-0.6766	0.1771	0.2672
13	000069.XSHE	2024-03-27	-4.8004	0.2789	0.3566
14	002110.XSHE	2024-03-27	-12.3305	0.1878	0.4209

图10-27 查询市现率小于0.2，市销率小于0.3且市净率小于0.5的股票

营风险和财务风险。

（4）静态市盈率（pe_ratio_lyr）。静态市盈率是股票每股市价与每股盈利的比率，通常用于评估股票价格相对于公司盈利能力的合理性。静态市盈率计算公式为：静态市盈率=股票每股市价/每股税后利润。

这个指标反映了在每股盈利不变的情况下，当派息率为100%时，并且所得股息没有进行再投资的条件下，经过多少年投资可以通过股息全部收回。一般情况下，一只股票市盈率越低，市价相对于股票的盈利能力越低，表明投资回收期越短，投资风险就越小，股票的投资价值就越大；反之则结论相反。

【实例10-26】查询静态市盈率大于0，小于3的股票，时间为2024年3月27日。

```
from jqdata import *
import pandas as pd
myq = query(valuation).filter(valuation.pe_ratio_lyr<3,
                              valuation.pe_ratio_lyr>0
                              )
df = get_fundamentals(myq,date = '2024-3-27')

df[['code','day','pe_ratio_lyr']]
```

运行结果如图10-28所示。

```
In [32]: 1  from jqdata import *
         2  import pandas as pd
         3  myq=query(valuation).filter(valuation.pe_ratio_lyr<3,
         4                              valuation.pe_ratio_lyr>0
         5                              )
         6  df=get_fundamentals(myq,date='2024-3-27')
         7  df[['code','day','pe_ratio_lyr']]
```

Out[32]:

	code	day	pe_ratio_lyr
0	603603.XSHG	2024-03-27	0.2547
1	002030.XSHE	2024-03-27	2.1237
2	300390.XSHE	2024-03-27	2.4875
3	002432.XSHE	2024-03-27	1.3264
4	002497.XSHE	2024-03-27	2.6133
5	300639.XSHE	2024-03-27	2.6078
6	002932.XSHE	2024-03-27	1.0862
7	601919.XSHG	2024-03-27	1.4983

图 10-28 查询静态市盈率大于 0，小于 3 的股票

当静态市盈率为负时，投资者应特别谨慎。这可能意味着公司的经营出现了问题，或者面临较大的风险和挑战。在这种情况下，投资者需要进一步研究公司的基本面、财务状况、市场环境等因素，以做出明智的投资决策。

（5）动态市盈率（pe_ratio）。动态市盈率是指还没有真正实现的下一年度的预测利润的市盈率，它等于股票现价和未来每股收益的预测值的比值。例如，明年的动态市盈率就是股票现价除以下一年度每股收益预测值，后年的动态市盈率则是现价除以后年每股收益预测值。

计算动态市盈率有多种方法，其中一种常见的方式是：动态市盈率＝股票市价／（当年中报每股净利润 × 去年年报净利润／去年中报净利润）。另一种方法则是基于静态市盈率进行调整，公式为：动态市盈率＝静态市盈率 × $(1/(1+I)^n)$，其中 I 为企业每股收益的增长性比率，n 为企业的可持续发展的存续期。

【实例 10-27】 查询动态市盈率小于 5，静态市盈率小于 5 的股票，时间为 2024 年 3 月 27 日。

```
from jqdata import *
import pandas as pd
myq = query(valuation).filter(valuation.pe_ratio<5,
                              valuation.pe_ratio_lyr<5
                              )
df = get_fundamentals(myq,date = '2024-3-27')
df[['code','day','pe_ratio','pe_ratio_lyr']]
```

运行结果如图 10-29 所示。

动态市盈率为负意味着公司的未来预测每股收益为负，这通常反映了公司当前处于亏损状态。动态市盈率是基于公司的盈利能力，通过比较当前的股价与预测的未来每股收益来确定其估值水平。当动态市盈率为负时，它表示市场对公司的未来盈利前景持悲观态度，认为公司可能在未来一段时间内继续亏损。

```
In [35]: 1  from jqdata import *
         2  import pandas as pd
         3  myq=query(valuation).filter(valuation.pe_ratio<5,
         4                              valuation.pe_ratio_lyr<5
         5                             )
         6  df=get_fundamentals(myq,date='2024-3-27')
         7  df[['code','day','pe_ratio','pe_ratio_lyr']]
```

Out[35]:

	code	day	pe_ratio	pe_ratio_lyr
0	600561.XSHG	2024-03-27	-43.4316	-8.9055
1	603332.XSHG	2024-03-27	-76.4199	-33.5638
2	600365.XSHG	2024-03-27	-11.9649	-22.8956
3	600836.XSHG	2024-03-27	-44.8671	-23.5370
4	688339.XSHG	2024-03-27	-27.4698	-27.4698
5	600726.XSHG	2024-03-27	-45.4126	-15.5647

图 10-29 查询动态市盈率小于 5，静态市盈率小于 5 的股票

4. 质量因子

质量因子包括下面 2 个，见表 10-4。需要注意的是，规模因子都在市值数据表 indicator 中。

表 10-4　　　　　　　　　　　　　规模因子

价值因子	因子名
净资产收益率	roe
总资产净利率	roa

（1）净资产收益率（roe）。净资产收益率，又称股东权益报酬率、净值报酬率、权益报酬率、权益利润率或净资产利润率，是衡量上市公司盈利能力的重要指标。它反映了股东权益的收益水平，用以衡量公司运用自有资本的效率。

具体来说，净资产收益率是指净利润与平均股东权益的百分比，是公司税后利润除以净资产得到的百分比率。其计算公式为：净资产收益率＝净利润÷净资产。其中，净利润等于税后利润加上利润分配，而净资产则等于所有者权益加上少数股东权益。这个指标越高，说明投资带来的收益越高；反之，则说明企业所有者权益的获利能力越弱。

【**实例 10-28**】　查询净资产收益率大于 50，时间为 2024 年 3 月 27 日。

```
from jqdata import *
import pandas as pd
myq = query(indicator).filter(indicator.roe>50)
df = get_fundamentals(myq,date = '2024-3-27')
df[['code','day','roe']]
```

运行结果如图 10-30 所示。

（2）总资产净利率（roa）。总资产净利率是一个重要的财务分析指标，用于衡量公司利用全部资产获得净利润的能力。它反映了企业资产利用的综合效果，体现了企业资产的获利能力。

总资产净利率的计算公式为：总资产净利率＝净利润／平均总资产 × 100%。其中，

```
In [4]:  1  from jqdata import *
         2  import pandas as pd
         3  myq=query(indicator).filter(indicator.roe>50)
         4  df=get_fundamentals(myq,date='2024-3-27')
         5  df[['code','day','roe']]
```

Out[4]:

	code	day	roe
0	000504.XSHE	2024-03-27	99.29
1	002306.XSHE	2024-03-27	236.22
2	002336.XSHE	2024-03-27	59.90
3	300013.XSHE	2024-03-27	74.89
4	300093.XSHE	2024-03-27	65.58
5	300096.XSHE	2024-03-27	57.87
6	300108.XSHE	2024-03-27	129.73
7	300209.XSHE	2024-03-27	1320.24
8	300268.XSHE	2024-03-27	161.24
9	300426.XSHE	2024-03-27	62.11
10	300478.XSHE	2024-03-27	62.90
11	600117.XSHG	2024-03-27	169.90
12	600221.XSHG	2024-03-27	103.99
13	600306.XSHG	2024-03-27	77.64
14	600322.XSHG	2024-03-27	114.91

图 10-30　查询净资产收益率大于 50 的股票

净利润指的是税后利润，即企业当期利润总额减去所得税后的金额，也称为企业的税后利润或净收入。平均总资产则是企业年初和年末资产总额的平均值。

总资产净利率的分析意义在于：总资产净利率的高低直接反映了公司的竞争实力和发展能力，是决定公司是否应举债经营的重要依据。总资产净利率与净利润成正比，与平均总资产成反比。平均总资产额的增加可能会导致总资产净利率的下降；而净利润的增加则会导致总资产净利率的上升。通过对该指标的深入分析，可以增强各方面对公司获利能力的认识，从而有利于公司所有者、债权人做出正确的决定和决策。

【实例 10-29】　查询总资产净利率大于 10，净资产收益率大于 50，时间为 2024 年 3 月 27 日。

```
from jqdata import *
import pandas as pd
myq = query(indicator).filter(indicator.roa>10,
                              indicator.roe>50)
df = get_fundamentals(myq,date = '2024-3-27')
df[['code','day','roa','roe']]
```

运行结果如图 10-31 所示。

财务因子存在于多张表中，如财务指标数据表（indicator）、市值数据表（valuation）、资产负债表（balance）、现金流数据表（cash）和利润数据表（income）。如果碰

```
In [9]: 1  from jqdata import *
        2  import pandas as pd
        3  myq=query(indicator).filter(indicator.roa>10,
        4                              indicator.roe>50)
        5  df=get_fundamentals(myq,date='2024-3-27')
        6  df[['code','day','roa','roe']]
```

Out[9]:

	code	day	roa	roe
0	300096.XSHE	2024-03-27	14.05	57.87
1	300478.XSHE	2024-03-27	15.57	62.90
2	600117.XSHG	2024-03-27	18.96	169.90

图 10-31　查询总资产净利率大于 10，净资产收益率大于 50 的股票

到不同表的查询，写上表名.字段名就可以。

【实例 10-30】　查询净资产收益率大于 5，换手率大于 15%，净利润大于 1000 万，时间为 2024 年 3 月 27 日。

```
from jqdata import *
import pandas as pd
myq = query(indicator).filter(indicator.roe>5,
                              valuation.turnover_ratio>15,
                              income.net_profit>1000,
                              )
df = get_fundamentals(myq,date = '2024-3-27')
df[['code']]
```

运行结果如图 10-32 所示。

```
In [8]: 1  from jqdata import *
        2  import pandas as pd
        3  myq=query(indicator).filter(indicator.roe>5,
        4                              valuation.turnover_ratio>15,
        5                              income.net_profit>1000,
        6                              )
        7  df=get_fundamentals(myq,date='2024-3-27')
        8  df[['code']]
```

Out[8]:

	code
0	603230.XSHG
1	002103.XSHE
2	300442.XSHE
3	300446.XSHE
4	001387.XSHE
5	301567.XSHE
6	603231.XSHG
7	000628.XSHE

图 10-32　查询多表中财务指标满足条件的股票

10.2 量化策略编写

10.2.1 策略1：均线策略

1. 策略介绍

5日均线策略是一种基于股票或其他金融产品价格短期波动的投资策略。5日均线，即5个交易日收盘价的加权平均价，被视为股价短期波动的关键指标。投资者在牛市或者对强势股的操作可以考虑这个策略，以下是一些关于5日均线策略的核心要点。

买入策略：当股价在5日均线上方运行时，这通常意味着多方力量占据优势，股价可能会继续上涨。此时，投资者可以考虑继续持有或买入该股票。如果个股处于强势拉升的过程中，出现回调但不跌破5日均线，或者短暂跌破5日均线但在后两个交易日修复并站稳5日均线，这通常是进场或加码的好时机。

卖出策略：如果股价在5日均线下方运行，这表明空方力量占据优势，股价可能会下跌。此时，投资者应考虑卖出或避免该股票。观察股价与5日均线的距离，如果距离较远且股价出现滞涨或高位放量等卖出信号，这可能意味着股价即将回调，投资者应考虑卖出。

2. 策略实现

```
#导入函数库
from jqdata import *
#初始化函数,设定基准等
def initialize(context):
    #设定沪深300作为基准
    set_benchmark('000300.XSHG')
    #开启动态复权模式(真实价格)
    set_option('use_real_price',True)
    #输出内容到日志 log.info()
    log.info('初始函数开始运行且全局只运行一次')
    #过滤掉order系列API产生的比error级别低的log
    # log.set_level('order','error')
    ###股票相关设定 ###
    #股票类每笔交易时的手续费是:买入时佣金万分之三,卖出时佣金万分之三加千分之一印花税,每笔交易佣金最低扣5块钱
    set_order_cost(OrderCost(close_tax = 0.001,open_commission = 0.0003,close_commission = 0.0003,min_commission = 5),type = 'stock')
    ##运行函数(reference_security为运行时间的参考标的;传入的标的只做种类区分,因此传入'000300.XSHG'或'510300.XSHG'是一样的)
        #开盘前运行
    run_daily(before_market_open,time = 'before_open',reference_security = '000300.XSHG')
        #开盘时运行
```

```python
    run_daily(market_open,time = 'open',reference_security = '000300.XSHG')
        #收盘后运行
    run_daily(after_market_close,time = 'after_close',reference_security = '000300.XSHG')
##开盘前运行函数
def before_market_open(context):
    #输出运行时间
    log.info('函数运行时间(before_market_open):' + str(context.current_dt.time()))
    #给微信发送消息(添加模拟交易,并绑定微信生效)
    # send_message('美好的一天~')
    #要操作的股票:万科A(g.为全局变量)
    g.security = '000002.XSHE'
##开盘时运行函数
def market_open(context):
    log.info('函数运行时间(market_open):' + str(context.current_dt.time()))
    security = g.security
    #获取股票的收盘价
    close_data = get_bars(security,count = 5,unit = '1d',fields = ['close'])
    #取得过去五天的平均价格
    MA5 = close_data['close'].mean()
    #取得上一时间点价格
    current_price = close_data['close'][-1]
    #取得当前的现金
    cash = context.portfolio.available_cash
    #如果上一时间点价格高出五天平均价1%,则全仓买入
    if (current_price > 1.01 * MA5) and (cash > 0):
        #记录这次买入
        log.info("价格高于均价1%%,买入 %s" % (security))
        print("当前可用资金为{0},position_value为{0}".format(cash, context.portfolio.positions_value))
        #用所有cash买入股票
        order_value(security,cash)
    #如果上一时间点价格低于五天平均价,则空仓卖出
    elif current_price < MA5 and context.portfolio.positions[security].closeable_amount > 0:
        #记录这次卖出
        log.info("价格低于均价,卖出 %s" % (security))
        #卖出所有股票,使这只股票的最终持有量为0
        order_target(security,0)
##收盘后运行函数
def after_market_close(context):
    log.info(str('函数运行时间(after_market_close):' + str(context.current_dt.time())))
    #得到当天所有成交记录
    trades = get_trades()
    for _trade in trades.values():
```

```
        log.info('成交记录:' + str(_trade))
    log.info('一天结束')
    log.info('###############################################################')
```

3. 策略效果

将回测日期设置从 2021-01-02 到 2022-11-13，从交易收益看来，策略收益为 11.12%，而沪深 300 的基准收益为 −27.3%，如图 10-13 所示，看来这段时间使用 5 日均线策略收益不错。

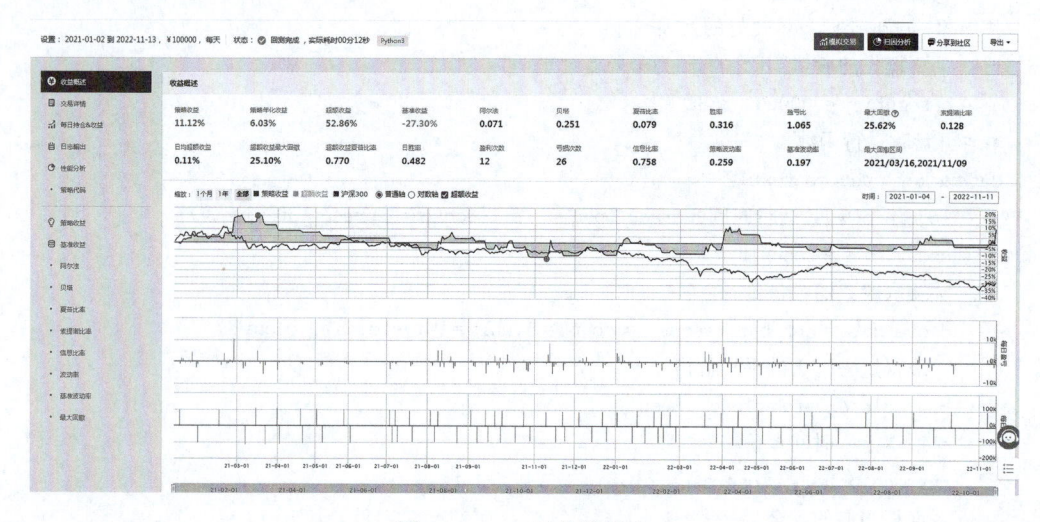

图 10-33　5 日均线策略

10.2.2　策略 2：双均线交易策略

1. 策略介绍

双均线交易策略：以 5 日均线作为短期均线，20 日均线作为长期，当 5 日上穿 20 日均线全仓买入，反之则卖出。

2. 策略实现

```
from jqdata import *

def initialize(context):
    ###测试的股票
    g.security = '300059.XSHE'
    #设定沪深 300 作为基准
    set_benchmark(g.security)
    #开启动态复权模式(真实价格)
    set_option('use_real_price',True)
    #输出内容到日志 log.info()
    log.info('初始函数开始运行且全局只运行一次')
    #股票类每笔交易时的手续费是:买入时佣金万分之三,卖出时佣金万分之三加千分之一印花税,每笔交易佣金最低扣 5 块钱
    set_order_cost(OrderCost(close_tax = 0.001,open_commission = 0.0002,
```

```python
                close_commission = 0.0003,min_commission = 5),type = 'stock')
    run_daily(before_market_open,time = 'before_open')
    run_daily(market_open,time = 'open')
    run_daily(after_market_close,time = 'after_close')

def before_market_open(context):
    #输出运行时间
    log.info('函数运行时间(before_market_open):' + str(context.current_dt.time()))

##开盘时运行函数
def market_open(context):
    log.info('函数运行时间(market_open):' + str(context.current_dt.time()))
    security = g.security
    #获取股票的收盘价
    close_data = get_bars(security,count = 21,unit = '1d',fields = ['close'])
    #计算5日和20日均线
    MA5 = close_data['close'][16:21].mean()
    MA20 = close_data['close'][1:21].mean()
    MA5Last = close_data['close'][15:20].mean()
    MA20Last = close_data['close'][0:20].mean()
    #取得当前的现金
    cash = context.portfolio.available_cash
    #买入卖出判断
    if MA5 >= MA20 and MA5Last < MA20Last:
        #记录这次买入
        log.info("5日上穿20日,买入 %s" % (security))
        #用所有cash买入股票
        order_value(security,cash)
    #如果上一时间点价格低于五天平均价,则空仓卖出
    elif MA5<= MA20 and MA5Last> MA20Last and context.portfolio.positions[security].closeable_amount>0:
        #记录这次卖出
        log.info("5日下穿20日,卖出 %s" % (security))
        #卖出所有股票,使这只股票的最终持有量为0
        order_target(security,0)
##收盘后运行函数
def after_market_close(context):
    log.info(str('函数运行时间(after_market_close):' + str(context.current_dt.time())))
    #得到当天所有成交记录
    trades = get_trades()
    for _trade in trades.values():
        log.info('成交记录:' + str(_trade))
    log.info('一天结束')
```

```
log.info('##########################################')
```

3. 策略效果

将回测日期设置从 2023-12-03 到 2024-03-30，从交易收益看来，策略收益为 -4.05%，而沪深300的基准收益为-12.43%，如图10-34所示，看来这段时间使用双均线减亏不少。

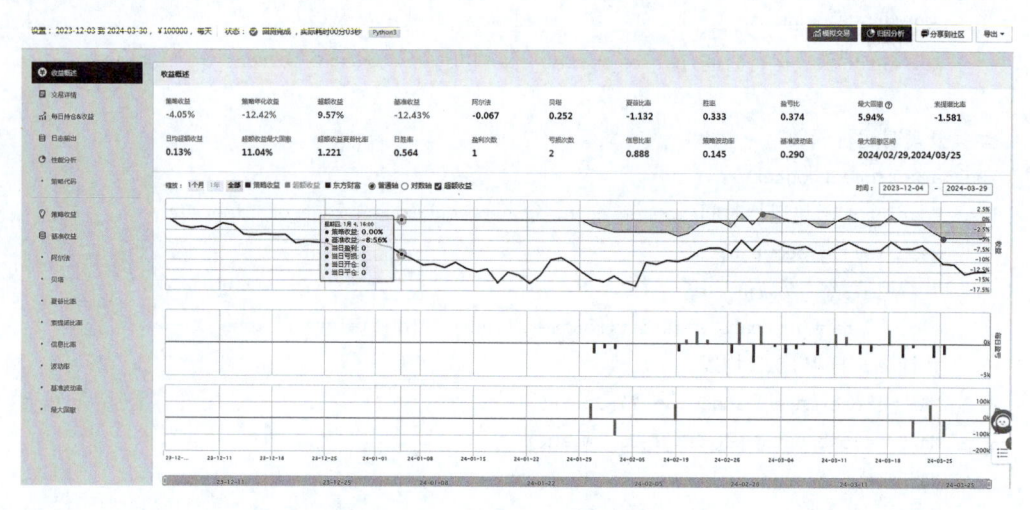

图 10-34　双均线交易策略

10.2.3　策略3：布林带策略

1. 策略介绍

布林带（Bollinger Bands）策略是一种基于动量振荡指标的技术分析策略，该策略的核心在于利用布林带这一技术指标来判断市场的趋势和价格的变动，从而做出买卖决策。

布林带由三条线组成：中线（中轨线）、上线（上轨线）和下线（下轨线）。中线通常是价格的移动平均线，表示价格的中间水平；上线和下线则是基于标准差计算得出的，表示价格波动的可能范围。这三条线共同构成了一个动态的带状区域，随着价格的变化而自动调整位置。

布林带策略的交易信号主要基于价格与布林带之间的关系。当价格上涨并触及或突破上轨线时，通常被认为是市场处于超买状态，可能会出现价格回撤，此时可以考虑卖出或持有空头仓位。相反，当价格下跌并触及或突破下轨线时，通常被认为是市场处于超卖状态，可能会出现价格反弹，此时可以考虑买入或持有多头仓位。如果价格在中轨线附近波动，则说明市场趋势不明确，交易者可以选择持币观望。

2. 策略实现

```
# 导入聚宽 API
import jqdata

# 初始化函数,设定基准等
```

第 10 章 Python 编写量化交易策略

```python
def initialize(context):
    #设定沪深 300 作为基准
    set_benchmark('000300.XSHG')
    #开启动态复权模式(真实价格)
    set_option('use_real_price',True)
    #输出内容到日志 log.info()
    log.info('初始函数开始运行且全局只运行一次')
    #要操作的股票:平安银行(g. 为全局变量)
    g.security = '000001.XSHE'
    #设置我们要操作的股票池,也就是我们关注的股票
    set_universe([g.security])
    #设置布林带的参数
    g.N = 20  #计算均线的周期
g.K = 2  #计算标准差的倍数
#运行函数
    run_daily(market_open,time = 'every_bar')


#每天开盘前进行选股
def before_trading_start(context):
    #输出运行时间
    log.info('函数运行时间(before_trading_start):' + str(context.current_dt.time()))
#开盘时运行函数
def market_open(context):
    #输出运行时间
    log.info('函数运行时间(market_open):' + str(context.current_dt.time()))
    security = g.security
    #获取股票的收盘价
    close_data = attribute_history(security,g.N + 1,'1d',['close'])
    #计算过去 N 天的均值和标准差
    mean = close_data['close'][:-1].mean()
    std = close_data['close'][:-1].std()
    #计算上轨和下轨
    upper = mean + g.K * std
    lower = mean - g.K * std
    #取得当前的现金
    cash = context.portfolio.available_cash

    #如果当前价格大于上轨,并且目前有持仓,则卖出股票
    if (close_data['close'][-1]> upper) and context.portfolio.positions[security].closeable
_amount> 0:
        #记录这次卖出
        log.info("价格触及上轨,卖出 %s" % (security))
        #卖出所有股票,使这只股票的最终持有量为 0
```

```
            order_target(security,0)
        #如果当前价格小于下轨,并且目前没有持仓,则买入股票
        elif(close_data['close'][-1] < lower) and context.portfolio.positions[security]
.closeable_amount = = 0:
            #记录这次买入
            log.info("价格触及下轨,买入 %s" % (security))
            #用所有 cash 买入股票
            order_value(security,cash)


#收盘后运行函数
def after_trading_end(context):
    #输出运行时间、账户价值、持仓信息等
    log.info(str('函数运行时间(after_trading_end):' + str(context.current_dt.time())))
```

3. 策略效果

将回测日期设置从 2023-01-01 到 2023-10-01，从交易收益看来，策略收益为 3.28%，而沪深 300 的基准收益为-4.7%，如图 10-15 所示，看来这段时间使用布林带策略收益不错。

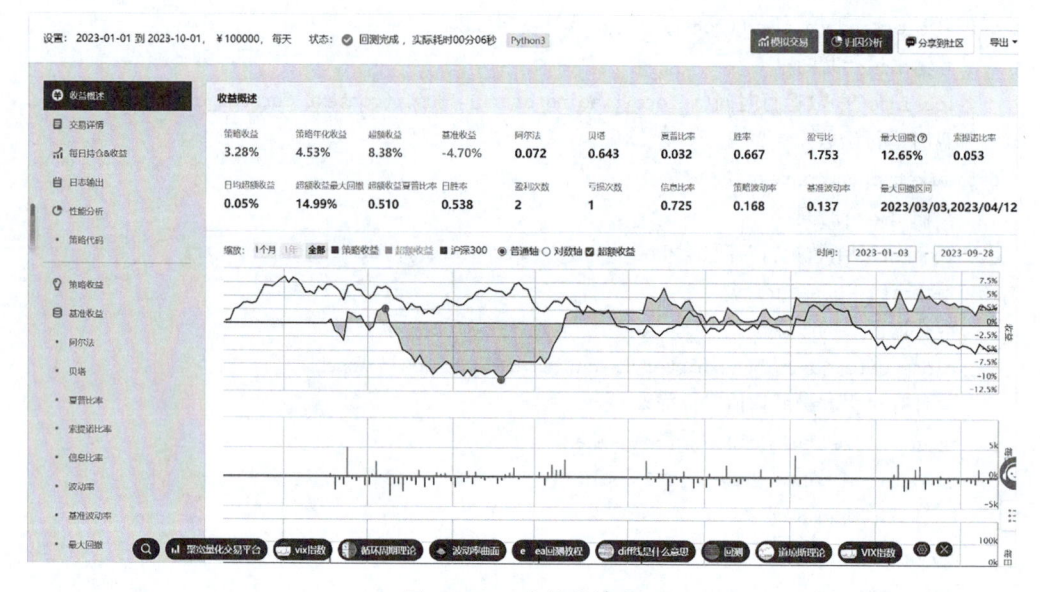

图 10-35 布林带策略

10.2.4 交易策略总结

交易策略是在金融市场中，投资者为了实现特定的投资目标而采取的一系列决策和操作方式。这些策略的制定通常基于市场环境、投资者的经验、风险承受能力以及投资目标等多方面因素。交易策略种类繁多，包括但不限于趋势跟随策略、反转策略、套利策略、价值投资策略、宏观投资策略、成长股投资策略以及管理层分析策略等。

趋势跟随策略是根据市场的趋势进行交易决策，适合于市场处于单边行情的时候。

反转策略则适用于市场出现调整行情，通过捕捉市场的反转点来获取收益。套利策略则是在不同市场或同一市场的不同品种之间进行交易，利用市场的价格差异来获取收益。

除了这些常见的策略，还有一些特定于个别投资者的策略，如巴菲特的价值投资策略，其核心是"低买高卖"，寻找低估值的股票并长期持有；索罗斯的宏观投资策略，通过充分研究宏观经济走势、政策变化和市场情绪，预测市场的离散和波动；彼得·林奇的成长股投资策略，专注于寻找并投资具有高增长潜力的股票；以及杰克·韦尔奇的管理层分析策略，强调对公司管理层的深入分析和评估。

此外，根据市场环境的不同，交易策略也需要进行相应调整。例如，根据库存周期判断，当大宗商品市场整体趋势向上时，投资者可能会更倾向于采用趋势跟随策略。而在不同季节，市场关注点会有所差异，这也需要投资者在制定策略时予以考虑。

总的来说，交易策略的制定是一个复杂且个性化的过程，需要投资者综合考虑市场环境、自身经验、风险承受能力和投资目标等多个因素。成功的交易策略通常要求投资者具备深入的市场分析能力、严谨的风险控制意识以及灵活的应变能力。同时，投资者还应保持冷静和理性，避免盲目跟风和过度交易，以确保投资目标的实现。

参 考 文 献

[1] 江江，余青松. Python 程序设计与算法基础教程［M］. 2 版. 北京：清华大学出版社出版，2019.
[2] 张思明. Python 程序设计案例教程—从入门到机器学习［M］. 2 版. 北京：清华大学出版社出版，2021.
[3] 孙玉胜，曹洁. Python 语言程序设计［M］. 2 版. 北京：清华大学出版社出版，2021.
[4] 储岳中，薛希玲. Python 程序设计教程［M］. 北京：人民邮电出版社，2024.
[5] https：//www.joinquant.com/.
[6] https：//www.joinquant.com/help/api/help♯name：api.